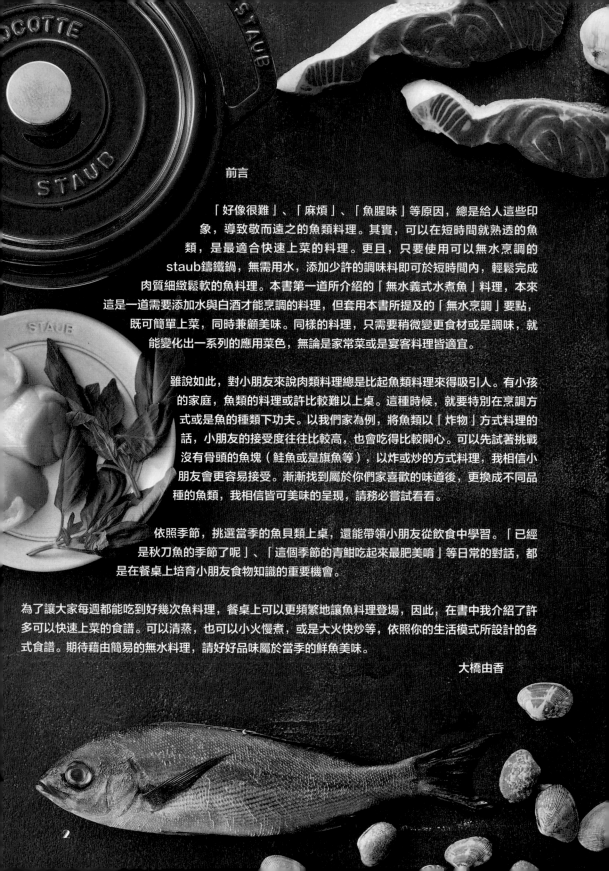

前言

　　「好像很難」、「麻煩」、「魚腥味」等原因，總是給人這些印象，導致敬而遠之的魚類料理。其實，可以在短時間就熟透的魚類，是最適合快速上菜的料理。更且，只要使用可以無水烹調的staub鑄鐵鍋，無需用水，添加少許的調味料即可於短時間內，輕鬆完成肉質細緻鬆軟的魚料理。本書第一道所介紹的「無水義式水煮魚」料理，本來這是一道需要添加水與白酒才能烹調的料理，但套用本書所提及的「無水烹調」要點，既可簡單上菜，同時兼顧美味。同樣的料理，只需要稍微變更食材或是調味，就能變化出一系列的應用菜色，無論是家常菜或是宴客料理皆適宜。

　　雖說如此，對小朋友來說肉類料理總是比起魚類料理來得吸引人。有小孩的家庭，魚類的料理或許比較難以上桌。這種時候，就要特別在烹調方式或是魚的種類下功夫。以我們家為例，將魚類以「炸物」方式料理的話，小朋友的接受度往往比較高，也會吃得比較開心。可以先試著挑戰沒有骨頭的魚塊（鮭魚或是旗魚等），以炸或炒的方式料理，我相信小朋友會更容易接受。漸漸找到屬於你們家喜歡的味道後，更換成不同品種的魚類，我相信皆可美味的呈現，請務必嘗試看看。

　　依照季節，挑選當季的魚貝類上桌，還能帶領小朋友從飲食中學習。「已經是秋刀魚的季節了呢」、「這個季節的青魽吃起來最肥美唷」等日常的對話，都是在餐桌上培育小朋友食物知識的重要機會。

為了讓大家每週都能吃到好幾次魚料理，餐桌上可以更頻繁地讓魚料理登場，因此，在書中我介紹了許多可以快速上菜的食譜。可以清蒸，也可以小火慢煮，或是大火快炒等，依照你的生活模式所設計的各式食譜。期待藉由簡易的無水料理，請好好品味屬於當季的鮮魚美味。

大橋由香

所謂的無水料理，
就是不加水的烹調法。

善用蔬菜與肉類等食材內含的水分，進行燉煮、蒸等烹調的手法。

調味

食材 + 鹽 → 鎖住食材的鮮味

☞ 少少的調味料就可以

撒上鹽巴，蓋上鍋蓋加熱，蔬菜與肉類內含的水分會漸漸被釋放出來，這些水分都富含著食材的美味。將食材的水分當成高湯或是湯汁使用，即使只有簡單的調味也可以品嚐到濃郁的滋味。而且，因為沒有添加多餘的水分，少許的調味料就可以提引出食材原本的味道。

烹調法

中火 → 微火 → 放置（使用餘熱燜煮）

☞ 入味滲透到食材內部

燉煮料理的時候，轉中火→上蓋，當蓋子的縫隙冒出水蒸氣時，轉微火依照指定的時間加熱。加熱的時候，鍋中的食材冒出來的水分會變成水蒸氣在鍋內形成對流，水蒸氣順著鍋蓋的汲水釘變成水滴再回流到食材中，確實滲透到食材內部。

☞ 食材不易煮爛＆節省瓦斯費

帶有厚度的staub鑄鐵鍋，保溫效果佳，溫度不易下降的特點，稍微加熱後關火，使用鍋子的餘溫即可繼續烹調食材，這樣的話既不易煮爛還可以燜熟食材。
節省瓦斯費用，還能有效利用這個時間進行其他的作業，
實在是一舉數得。

詳細的烹調步驟，請參照下一頁

3

staub鑄鐵鍋的特徵

可以做出無水料理的staub鑄鐵鍋，具有其他鍋具沒有的許多特色。

把手　耐熱性高，可以承受高溫烹調。最高可以加熱至250℃，蓋上鍋蓋可以直接放入烤箱。

鍋蓋　厚度夠，密閉性高，可以防止水蒸氣外洩。根據實驗證明，這款鍋蓋擁有高超的保水力。

鑄鐵琺瑯鍋

厚實的鍋身，熱傳導性佳。受熱均勻，所以熱度維持得更久，適合小火或是低溫的烹調。

琺瑯塗層加工

鍋子外側貼附著2～3層的玻璃矽石，擁有絕佳的耐久性和耐熱性。款式上，也有繽紛的各式顏色可供挑選。

黑霧面琺瑯塗層加工

鍋子內側表面凹凸不平、粗糙的手感。因為這一層加工，油脂會在鍋內形成一層保護膜，可以避免沾鍋與異味產生。

汲水釘

讓食物本身滲出的水分，轉變成水滴的重要構造。含有食物鮮味的水蒸氣，順著鍋蓋的汲水釘變成水滴再回流到食材中，料理也因此變得更加多汁鮮美。

無水料理的步驟

以下是無水料理燉煮的基本步驟。如果需要更簡單的烹煮方法，另有直接將食材放入加熱的食譜。為了讓海鮮類更快煮熟，依照以下的步驟與方式可以讓烹煮時間縮短。

👉 **水蒸氣冒出時的注意點**

○ 為了要產生滲透壓的化學作用，讓食材釋出水份，請在蓋上鍋蓋前加入調味料（鹽、醬油等）。

○ 使用20cm圓鍋的話，請以適當的火力加熱並蓋上鍋蓋燜煮約5～10分鐘後，就會開始產生水蒸氣。

※根據鍋內食材的份量、食材所含的水份、室溫、火力等因素，皆會影響水蒸氣散發的時間。

○ 水蒸氣開始要散發時，鍋蓋的把手會變熱。如果一直沒有水蒸氣冒出的話，請觸摸鍋蓋上的把手確認是否變熱。如果已經變熱，再等候片刻，水蒸氣應該就會開始冒散。

○ 轉至微火後，不要打開鍋蓋，讓staub鑄鐵鍋內蓄積的熱度，繼續燜煮食材。如果想要打開確認鍋內狀況的話，打開鍋蓋後請再一次蓋上，再度以微火加熱，即可順利地回到燜煮的程序。

○ 如果介意鍋底烤焦沾黏的話，當蒸氣開始冒散時打開鍋蓋，用木匙從鍋底翻拌食材以避免鍋底沾黏。

❶ 將油倒入鍋內，讓食材加熱至上色

火力
瓦斯 中火
IH 4～5

將油倒入鍋內，轉中火加熱，並依序將食材入鍋。首先，將要放在最底層的食材（洋蔥等容易出水的食材），加熱到有烤紋。藉由這個步驟，可以讓食材內的水份與鮮味更容易釋放，讓湯汁更加濃郁。食材所有的切面都煎至上色後，會更入味好吃，接著再將魚、菇類等食材疊放入鍋。

❷ 加入調味料，蓋上鍋蓋

火力
瓦斯 中火
IH 4～5

放入所有食材後，撒入鹽等調味料，再迅速蓋上鍋蓋。藉由鹽分所產生的滲透壓，可以讓食材釋出水份。調味料的份量，一開始可以按照食譜上標示的份量添加，漸漸上手後，再按照個人喜好調整。

👉 鍋中的狀態

因為滲透壓的化學作用，被撒上鹽的食材所含的水分會逐漸釋放。水分蒸發在鍋中形成對流，再沿著鍋蓋的汲水釘變成水滴，滴落在食材上。水蒸氣瀰漫在鍋中，壓力來到最高點之時，會微微地從鍋子的隙縫飄散而出。

火調小後，水分就會停止蒸發，殘留的水蒸氣會在鍋中循環。雖然火力調小，但與步驟3相同，鍋內的餘溫讓食物的烹調持續進行。請務必留意如果打開鍋蓋的話，富含著食物鮮美味道的水蒸氣會一洩而散。不小心打開的話，請記得上蓋再次轉中火加熱，開始微微散發熱氣，再調成微火即可。

放置的時候，鍋中水蒸氣的對流會漸漸趨緩，藉由餘熱持續燜煮食材。食材也會因為鍋蓋滴落的水滴，一點一滴的更加入味。放置時間可以依照個人喜好調整，建議放置到常溫，吃起來會更加美味。

❸ 當水蒸氣從鍋蓋的隙縫散發而出時，將火力轉成微火

❹ 依照指定時間加熱

❺ 熄火後放置，利用餘熱烹調

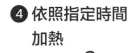

| 火力 瓦斯 微火 IH 2～3 | 火力 瓦斯 微火 IH 2～3 | 熄火 |

鍋蓋的隙縫散發出水蒸氣之時，將火力調小，請調成最小的火力（微火）。微火可以讓鍋中的水蒸氣對流，維持著一定的溫度。如果是三口的瓦斯爐，請使用後方小口的爐口。（日本的家庭常見的瓦斯爐款式，台灣的家庭大多為雙口，不需特別拘泥。）

調整成微火後，依照各個食譜指定的時間持續加熱。雖然是微火，鍋中會維持著高溫加熱食材，持續著燜煮的狀態。如果需要長時間加熱的話，事先準備好計時器定時，就可以放心的去做其他事情。

因為厚實的鍋身與極佳的保溫性能，即使熄火了也能繼續維持一定的溫度加熱。這樣既可以節省瓦斯費用，也不用擔心需要調整火力的大小。經過一定程度的放置，就可以享用美味的佳餚了。品嚐之時，可以依照個人喜好再次加熱。

※不同的食譜，有可能會因為烹調的方式而與上述的步驟有所差異。

鑄鐵鍋的種類與特徵

staub鑄鐵鍋有許多種類與尺寸，要使用哪種鍋來烹調哪種料理呢？
依照食材與烹調方式，介紹本書中所使用的三種鑄鐵鍋。

20cm
（松露白）

14cm
（黑色）

COCOTTES圓形鑄鐵鍋

最方便使用的經典款，燉煮、炸物、燒烤、炊飯等集多種用途於一鍋的王牌鍋款。本書時常使用的20cm鍋，適合大份量2人至小份量4人左右使用。為了讓無水烹調順利作用，放入的食材量需要達到鍋子大小的一半，如果使用較大尺寸的鍋具，食材的量請順勢增加。使用14～16cm的小鍋時，由於導熱性較快，短時間就可烹調完成，烹調簡易的配菜時最適合。

23cm
（深藍色）

COCOTTES橢圓形鑄鐵鍋

與圓形鍋同樣為方便使用的經典款。20cm的圓鍋與23cm的橢圓鍋的容量差不多，如果要烹調長型食材的話，使用橢圓鍋可以妥善利用空間，更方便使用。橢圓鍋的外觀俐落，上菜時直接擺在餐桌上也不會讓人感覺壓迫。一整隻的魚、細長狀的肉塊、玉米等細長形的蔬菜都很推薦使用橢圓鍋料理。雖然23cm的橢圓鍋與20cm的圓鍋可以使用同一個食譜，唯獨炊飯時容易造成部分米飯沒熟透，請盡量避免。

24cm
（灰色）

CACEROLAS水滴形鑄鐵鍋

淺口設計的水滴形鍋，比起同樣口徑24cm的圓鍋，導熱性更快。替代砂鍋或是平底鍋的功能，煎炒皆宜，適合想要快速烹調魚料理時。此外，由於鍋底較淺，分菜容易，適合用在壽喜燒、鍋物、無水義式水煮魚或是西班牙海鮮飯等在餐桌上直接分菜的料理，用來宴客最合適。口徑寬，調味料可以均等地散佈於食材中，不需過度翻拌食材，亦可防止食材碰撞煮爛。

本書所使用的主要海鮮

本書所使用的海鮮類皆為一年四季皆容易取得的食材。如果是切塊的魚肉，購買時如果沒有食譜上所述食材，亦可使用食譜以外，自己喜好的魚類替代。

海瓜子

味道鮮美，蘊含著大海的鮮味，一整年都方便取得的食材。和魚類一起蒸煮的話，吸收了鮮味的肉質會吃起來更飽滿。連殼一起料理，湯汁可以直接當成高湯使用。

☞ 海瓜子的料理前準備
將海瓜子平均鋪放在容器內，不要堆疊，將稍濃的鹽水（鹽分濃度約3％）倒入容器內，靜置約2～3個小時。接著將海瓜子捧起，以殼與殼互相摩擦的方式清洗，再瀝乾水份即可。

鯖魚

適合做成西式或是日式料理的鯖魚。浸泡過鹽水的鹽漬鯖魚，由於水份已經被鹽分所吸取，魚的鮮味被緊密地凝縮住，保存期限也因此延長。生鮮的鯖魚則由於容易腐敗，請務必盡快烹調完成。如果是在鯖魚脂肪較不肥美的季節取得鯖魚，可以將鯖魚製作成濃厚味道的鯖魚味噌，或是沾太白粉香煎都很適合。

【份量標準】鹽漬鯖魚…約120g／1片（半尾）、生鮮鯖魚…約300g／1尾

鰤魚（青魽）

雖是一年四季都容易取得的魚類，特別是在冬季更加肥美。如果烹調太久，鰤魚的肉質容易乾柴，請短時間加熱即可。使用鰤魚的魚骨肉熬湯時，殘留的血塊容易帶有腥臭，請事先用滾水汆燙過。

【份量標準】切塊…約80g／1塊

鮭魚

一年四季都容易取得，對於料理初學者來說，屬於容易調理的魚類。如果是脂肪較不肥美的鮭魚，在日本會習慣醃漬於甘酒（註2）或是味噌內，以類似「鏘鏘燒」（參照P.56）的方式，加入濃厚的醬汁一起烹調。如果食譜是使用「甘鹽鮭」（註3），手邊卻只有生鮮鮭魚的話，請記得事先調整好鹽的份量。

【份量標準】生鮭魚切塊、甘鹽鮭切塊…約80g／1塊

註2：日本常見的飲品，以米麴或酒粕發酵釀造而成，以米麴釀造而成的甘酒，幾乎不含酒精成份，小朋友也可以飲用。

註3：在日本市面上販售的鮭魚往往分為「生鮭」與「鹽鮭」兩種。生鮭即為生鮮魚，鹽鮭則為將鮭魚醃漬於大量的鹽中熟成。近年來由於健康意識抬頭，逐漸將鹽分減量，因而有「甘鹽鮭」的出現。

鱈魚

鱈魚的肉質較軟，建議不要烹調太久以免煮爛。使用生鮭魚代替「甘鹽鱈魚」（註1）時，請記得事先調整好鹽的份量。※市面上販售的銀鱈並非鱈魚，真正的名稱為裸蓋魚。

【份量標準】甘鹽鱈…約80g／1塊

註1：在日本用鹽醃漬過的鱈魚稱為「甘鹽鱈」。

烏賊

可以汆燙，也可以用小火慢煮成軟嫩的口感。如果沒有抓準時間的話，口感容易過老變硬（與章魚相同）。由於烏賊內含的鮮味會在烹調時漸漸釋放，和白飯一起炊煮的話會相當美味。※在日本會將內臟醃漬成一道料理，烹調內臟時請使用透抽為佳。

【份量標準】透抽…小：約150g、大：約200g／1尾

☞ 烏賊的料理前準備
使用手指將連接烏賊的身軀與足部的部位分離，掏出身軀內的軟骨與內臟，小心不要破壞內臟。去除掉軟骨，並將內臟切除後，再將烏賊足部的口器與吸盤取下，仔細清洗。

蝦子

燉煮的時候，帶殼一起先煎過再燉煮的話，吃起來會更加香濃。連蝦頭一起燉煮的話，蝦內的鮮美風味會釋放至湯內，可以當作高湯使用。由於蝦子的尾部含有大量的水份，油炸的時候可以事先切開蝦尾的尖端，用刀身擠出多餘水分，就能避免油花噴濺。

【份量標準】蝦（帶頭帶殼・草蝦等）…約50g／1尾、蝦仁…約15g／1尾

秋刀魚

基本上都是以鹽烤方式料理的秋刀魚，其實只要發揮創意，秋刀魚的料理也可以有許多的變化。烹調的時候，魚皮容易沾黏鍋底，建議加熱前於鍋底上油，或是鋪上烘焙紙。解凍的秋刀魚，一年四季都可以取得。

【份量標準】約150g／1尾

竹莢魚

短時間內將竹莢魚加熱至熟透，肉質吃起來會十分鮮嫩。油炸過的竹莢魚，肉質則會相當多汁濕潤。由於沒有特別的腥味，適合烹調各式料理。魚肉比較薄片的時候，可以沾粉油炸，或是沾裹上濃厚的醬汁，都會吃起來更有份量、更加飽足感。

【份量標準】將一整魚分切成三份（三枚卸切法（註4））的其中一份…約40g／1片（半身）、沿中骨切開背…約80g／1塊

註4：一種日式切魚刀法。先將魚頭切除，再將上下魚肉和魚骨分切成三份。

旗魚

魚刺少，方便食用的旗魚，雖然味道較為平淡，卻因此適合各種調味，可以應用於許多變化。厚切的魚肉片，吃起來充滿飽足感。為了讓口感吃起來更加軟嫩，可以在烹調時將魚肉沾粉讓水份不會蒸發掉。

【份量標準】旗魚切塊…約100g／1塊

目次

◎ 這本書的使用方式

· 食譜中的 1 大匙是15ml，1 小匙是5ml，1杯是200ml，皆是舀起後推平。

· 食材中如果是份量外的時候，會將份量標示在（ ）內。

· 食譜中的鹽皆使用天然海鹽。使用精製鹽的話容易過鹹，請留意份量。

本書所使用的鑄鐵鍋與尺寸會以下列的方式標示。

鍋子的尺寸

圓形琺瑯鑄鐵鍋　　　　水滴形琺瑯鑄鐵鍋

◎ 海鮮常備菜

◎ 炸物

◎ 慢火燉煮料理

◎ 絕品炊飯

· 運用本書介紹的食譜更換食材應用時，食材的份量可以依照喜好自行調整。

· 菇類請把根部去除，不需清洗即可使用。沾有髒污的時話，請擦拭掉即可。

· 本書所使用的奶油為有鹽奶油，亦可使用無鹽奶油。

· 燉煮的時候，如果沒有特別標示，請以微火加熱即可。

· 標示的加熱時間為參考用。請根據實際使用的鍋具和烹調環境，一邊觀察狀態一邊調整。

· 冷藏和冷凍的保存期限為參考用，請儘早食用為佳。

☞ 本書中的海瓜子和透抽的前處理方法，請參照P.7。

從準備食材到上菜
短時間烹調料理

肉質容易乾柴的魚肉料理，只需短時間的烹調，吃起來就會是軟嫩的口感。不需花費太多時間，馬上就可以上菜。忙碌生活中的省時料理。

staub recipe 1 無水義式水煮魚

只需短短的時間烹調，就能吃到鮮嫩的蔬菜與魚肉，可以說是無水魚貝類料理的代表性食譜之一。總是給人印象製作難度高，其實輕易就能完成。是一道吃到最後，仍然讓人意猶未盡的萬能料理。再加入一些酸豆，能讓整體的味道更入味。

使用20cm圓鍋烹調的份量

[材料： 4人份]			
魚肉切塊(鯛魚等)..................................4塊		魚肉切塊(鯛魚等)..................................2塊
海瓜子(帶殼、吐砂過)..............300g		海瓜子(帶殼、吐砂過)..............150g
番茄..1顆		番茄..1／2顆
芹菜..1根		芹菜..1／2根
蒜頭..1瓣		蒜頭..1／2瓣
酸豆..1大匙		酸豆..1／2大匙
橄欖..8顆		橄欖..4顆
橄欖油..1大匙		橄欖油..1／2大匙
特級冷壓橄欖油..................................1大匙		特級冷壓橄欖油..................................1／2大匙
鹽..1小匙		鹽..1／2小匙

1 海瓜子泥沙吐盡，洗淨備用。撒鹽在魚上。番茄切成2cm的塊狀，芹菜斜切成薄片，蒜頭切末。

2 鍋內倒入橄欖油，加入蒜頭轉小火拌炒。炒到開始冒出香味時加入海瓜子，轉中火加熱，接著再加入芹菜稍稍拌炒。

3 放入魚肉，周圍擺放番茄、酸豆，淋上橄欖油後立刻蓋上鍋蓋。

☞ 食材放入鍋內的份量超過一半以上（大概是以7～8分滿）為基準。

☞ 蓋上鍋蓋後，請勿打開鍋蓋。

4 從鍋蓋的隙縫散發出水蒸氣時，轉微火繼續加熱3分鐘。最後完成時，淋上特級冷壓橄欖油。

☞ 以中火加熱，火力仍然不夠的時候，是因為鍋內熱度不夠，所以不會散發水蒸氣。中火的熱度請參考P.4。

☞ 調整成微火後，從鍋蓋的隙縫仍然散發出水蒸氣時，表示火力還是太大。請將火力轉弱並漸漸熄火。

☞ P.20會介紹利用這道料理，延伸變化製作的各式料理。

2 酒蒸魚貝

將無水義式水煮魚以和式的風味烹調。
吸收了滿滿海瓜子精華的魚肉,請搭配
白髮蔥絲和煮過的青蔥一起享用。

[材料:2人份]

白肉魚切塊(土魠、鯛魚等).....	2塊
海瓜子(帶殼、吐砂過)......	200g
蔥.....................	2根
料理酒.....................	2大匙
鹽.....................	1 / 2小匙

1　將蔥(1根)斜切成薄片,另1根
　　蔥的蔥白部分切絲,剩下的部分則
　　同樣斜切成薄片。海瓜子泥沙吐
　　盡,洗淨備用。撒鹽在魚上。

2　鍋內放入斜切好的蔥片。放入魚肉
　　塊,周圍擺入海瓜子(如圖A)。淋
　　上料理酒,蓋上鍋蓋轉中火。

3　從鍋蓋的隙縫散發出水蒸氣時,轉
　　成微火繼續加熱3分鐘。盛盤並撒
　　上蔥絲。

☞ P.20會介紹利用這道料理,延伸變化製出的各式料理。

3 香菜魚露蒸魚

可以吃到豐富蔬菜的一道料理，還可以加入高麗菜、蔥等個人喜歡的蔬菜，或是擠上一些檸檬汁，即可完成清爽口味的一品。

[材料： 2人份]

白肉魚切塊(金目鯛等)	.....2塊
芹菜	......1 / 2根
紅蘿蔔	......1 / 2條
香菜	......適量
魚露	......2大匙
橄欖油	...... 1大匙

1 將芹菜與紅蘿蔔各切絲成5cm的長度，香菜切成2cm的長度。

2 鍋內倒入橄欖油，轉中火加熱，放入芹菜、紅蘿蔔稍微拌炒。放入魚肉(如圖A)，淋上魚露再蓋上鍋蓋。

3 從鍋蓋的隙縫散發出水蒸氣時，調整成微火再繼續加熱約3分鐘。盛盤並撒上香菜。

A

☞ P.20會介紹利用這道料理，延伸變化製出的各式料理。

4 蒸煮豆苗黃雞魚

將一整條魚放入鍋內蒸煮，鍋內的食材吸附著從魚骨釋放出的滿滿精華。使用竹莢魚塊替代也可以。品嚐時，請連同濃厚的湯汁一起享用。

staub
23cm

[材料： 2人份]

黃雞魚... 1尾※
金針菇.. 1袋(約200g)
豆苗.. 1袋
薑.. 1節
麻油.. 1大匙
鹽... 1／2小匙

※這裡使用的是體長約25cm、重量約250g的魚。

1　將黃雞魚的內臟與鱗片去除，在其中一側的(朝上的部分)腹部劃上十字的切痕並撒鹽。金針菇的根部去除，切半撥開。豆苗同樣將根部去除，切成2～3等份的長度。薑切末。

2　鍋內放入麻油、薑並轉小火爆香。開始冒散香氣時，加入金針菇並稍微拌炒。接著將魚放入鍋內(被劃上切痕的面朝上)(如圖A)，蓋上鍋蓋。

3　從鍋蓋的隙縫散發出水蒸氣時，調整成微火並繼續加熱10分鐘。熄火，加入豆苗並蓋上鍋蓋，藉由餘溫加熱，靜置約1分鐘。

無水煮魚的應用料理
簡易料理

staub
recipe **5** **奶香海瓜子菇菇**

一道菜裡吃得到海瓜子與鴻禧菇的精華。可以加入金針菇、杏鮑菇、香菇、蘑菇等個人喜好的菇類。如果放入舞菇的話，湯汁顏色會變深。

[材料： 4人份]
海瓜子(帶殼、吐砂過)600g
鴻禧菇.........1袋(約160g)
蒜頭...........................1瓣
蔥(切末).....................適量
奶油.............................30g
醬油 1大匙
橄欖油........................ 1大匙

1　海瓜子泥沙吐盡，洗淨備用。將鴻禧菇的根部切除撥開。蒜頭則切末。

2　鍋內放入橄欖油、奶油、蒜頭轉中火爆香，奶油融化後，再放入海瓜子、鴻禧菇(如圖A)，淋上醬油蓋上鍋蓋。

3　從鍋蓋的隙縫散發出水蒸氣後，轉微火並繼續加熱約3分鐘。盛盤並撒上蔥花。

A

☞ P.20、113會介紹利用這道料理，延伸變化製成的各式料理。

利用富含食材鮮味的湯汁，再烹調出一道佳餚。
以下是利用P.10～19介紹的料理剩下的湯汁，
所製作而成的料理，請務必嘗試看看。

使用無水義式
水煮魚的湯汁

使用酒蒸魚貝
的湯汁

staub recipe **6**

海鮮義大利麵

只利用剩餘的湯汁烹調義大利麵的簡單料理，再將剩餘
的食材入菜，吃起來會更有份量。

[材料：2人份]
無水義式水煮魚的湯汁(請參照P.10)..............
............................一半的份量(約75ml)
無水義式水煮魚的食材(請參照P.10).............
...................................個人喜好的份量
義大利麵................................ 160g

將湯汁與食材放入鍋中，轉中火加熱，沸騰之後，放
入煮到稍硬的義大利麵，帶有彈性的口感。再繼續加
熱約1分鐘，加入鹽與胡椒(份量外)調味。

staub recipe **7**

雜炊

白米吸飽滿滿魚的鮮美，再加上鬆軟雞蛋組合而成的料
理。依照個人喜好，加入蔥或是芝麻，口味會更有變
化。

[材料：2人份]
酒蒸魚貝的湯汁(請參照P.12)..................
............................一半的份量(約45ml)
冷飯....................... 1個飯碗份量(約150g)
水.................................... 100ml
蛋液.................................... 1顆份
山芹菜..................................適量

用水沖洗冷飯，再瀝乾水份。將湯汁與份量表中的水
量倒入鍋內，轉中火加熱，沸騰後再放入米飯。再次
沸騰後，將蛋液入鍋攪拌。可以撒鹽(份量外)調味，
盛盤後以山芹菜綴飾。

使用香菜魚露
拉麵的湯汁

staub recipe **8**

香菜魚露拉麵

正餐後再來一碗拉麵，可說是至福的享受。使用香菜魚
露蒸魚的湯汁烹煮的話，馬上就能上菜。亦可將拉麵更
換成越南河粉。

[材料：2人份]
香菜魚露蒸魚的湯汁(請參照P.13).............
............................全部的份量(約75ml)
拉麵麵條.................................. 2份
水.................................... 200ml

將湯汁與份量表中的水量倒入鍋內，轉中火加熱，沸
騰之後撒鹽(份量外)調味，完成拉麵的湯頭。接著將
煮熟的麵條放入碗內，淋上湯汁。可以依照個人喜好，
放入水菜(份量外)等個人喜好的蔬菜。

使用椒香海瓜子
菇菇的湯汁

staub recipe **9**

燉飯

滿滿的海瓜子與菇類的鮮美滋味。將湯汁烹調成燉飯肯
定是非常美味，亦可將湯汁做成義大利麵的醬汁也很不
錯。

材料：2人份]
奶香海瓜子菇菇的湯汁(請參照P.18).............
............................一半的份量(約100ml)
奶香海瓜子菇菇的食材(請參照P.18)........適量
冷飯.................... 1個飯碗量(約150g)
帕瑪森起士..................................適量

將湯汁與食材放入鍋內，轉中火加熱，沸騰之後放入
米飯稍微攪拌。盛盤並撒上帕瑪森起士。

staub
recipe
10
海鮮蒸鍋

staub
24cm

短時間即可完成，豪華澎湃的鍋物料理。
烹煮時會釋放出許多水份，可以將剩下的湯汁拿來製作雜炊，品嚐第二次
的美味。加入番茄就是西式風味；淋上麻油或是柚子醋就會變成中式、日
式的風味。簡單的食材經由小小變化，就可以享受不同的口味。

[材料：4人份]

章魚	200g
干貝(生食用)	8顆
帶頭帶殼蝦	4尾
白菜	1 / 8顆
生鮮香菇	4朵
水菜	2株
烤豆腐	1塊
鹽	1 / 2小匙

1　將章魚切成一口大小。白菜
則切成3cm的大小。香菇對
半切，水菜切成3cm長。豆
腐先垂直對半切，再分切成
各2cm的厚度(如圖A)。

2　鍋內鋪上白菜並撒鹽，再放
入章魚、干貝、蝦子、香菇、
豆腐，蓋上鍋蓋轉中火加熱。

3　從鍋蓋的隙縫散發出水蒸氣
後，轉成微火繼續加熱約3
分鐘。要吃之前再加入水菜。

A

11 海瓜子巧達濃湯

不使用雞湯塊，只加入些許的鹽調味，就能烹調出濃厚的滋味。放入一些蘆筍、花椰菜、菇類等蔬菜也很不錯。此外，由於食材有馬鈴薯的關係，自然而然做出濃稠的質感，讓整體口感吃起來更滑順。如果將牛奶更換為豆漿入菜的話，請在湯汁快要沸騰之前熄火。

[材料：4人份]

海瓜子(帶殼、吐砂過).........３００g
薄切培根.............................５０g
洋蔥................................１顆
紅蘿蔔............................１／２條
馬鈴薯................................１顆
牛奶.............................４０ml
橄欖油..............................１大匙
鹽.............................１／２小匙

1　海瓜子泥沙吐盡，洗淨備用。將洋蔥、紅蘿蔔、馬鈴薯切成１cm的塊狀。培根則切成１cm寬度(如圖Ａ)。

2　鍋內倒入橄欖油，轉中火加熱，再放入洋蔥、紅蘿蔔、培根，炒到洋蔥變成透明狀。

3　將海瓜子、馬鈴薯、鹽放入鍋內，稍稍翻拌(如圖Ｂ)，蓋上鍋蓋。

4　從鍋蓋的隙縫散發出水蒸氣後，轉至微火繼續加熱約１０分鐘。最後倒入牛奶，撒鹽(份量外)調味。

12 焗烤通心粉

直接將通心粉加入海瓜子巧達濃湯內，即可省去煮熟通心粉的手續。烤得焦黃的起士讓整道菜的美味倍增。將通心粉更換成米飯的話，即可再變化成焗烤飯。

[材料：2人份]

海瓜子巧達濃湯(參照上方食譜)........
..................一半的完成份量
焗烤用通心粉......................５０g
披薩用起士..........................３０g

海瓜子巧達濃湯
的應用料理

將巧達濃湯內的海瓜子去殼，倒入小鍋內，放入通心粉後，轉中火加熱。沸騰之後再調整成小火，不時攪拌直到通心粉煮到變軟，大約１０分鐘。將食材放入耐熱容器內，鋪滿起士，放入烤箱或是烤盤上加熱，烤到食材上色至焦黃的狀態即可。

13 甘煮鰤魚

短時間即可完成，日本飲食中具有代表性的簡易料理。在當季取得的鰤魚肥美，最適合
用甘煮的方式料理。如果不是在當季取得的話，亦可以使用照燒的方式烹調（請參照
P.26）。依照個人喜好，加入喜歡的葉菜類，享用蔬菜與魚一次滿足。

staub
24cm

使用 20cm 圓鍋
烹調的份量

[材料：4人份]
鰤魚切塊.........................4塊
生薑.............................1節
醬油.............................2大匙
味醂.............................2大匙

鰤魚切塊.........................2塊
生薑...........................1／2節
醬油.............................1大匙
味醂.............................1大匙

1 將薑切成薄片。

2 鍋內加入醬油、味醂、步驟1，轉中火加熱。沸騰之後放入魚肉，蓋上鍋蓋。

3 從鍋蓋的隙縫散發出水蒸氣後，轉至微火繼續加熱約3分鐘。

4 將魚肉翻面並調成中火，不蓋鍋蓋讓湯汁煮到收汁，繼續加熱約2分鐘。

烹調時的要點

☞ 湯汁沸騰時，再放入魚肉的話可以消除腥臭味。

☞ 魚肉如果加熱太久，吃起來的口感偏硬。短時間的加熱，能夠讓魚肉吃起來更軟嫩。

換個食材的應用料理

staub
recipe **14 甘煮銀鱈**

利用同樣的烹調方式，一樣可以吃到軟嫩綿密的銀鱈。請不要加熱太久，短時間的烹調為佳。

staub
20cm

[材料：2人份]

銀鱈切塊........2塊(約150g/1塊)
老薑.....................................1節
醬油.................................2大匙
味醂.................................2大匙

與甘煮鰤魚同樣的方式烹調(請參照上方的食譜)。

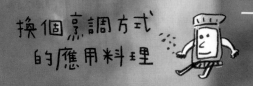

staub
20cm

staub recipe **15 照燒鰤魚**

魚肉雖然沒有事先醃漬過，但由於塗抹了太白粉在魚肉上，食材因此能沾裹住濃稠的醬汁。燒得金黃色的外觀，好像可以聞到陣陣香氣，促進食慾、非常下飯的一道菜色。

[材料：2 人份]

鰤魚切塊	2 塊
A	
醬油	2 大匙
味醂	2 大匙
料理酒	1 大匙
太白粉	1 大匙
橄欖油	1 大匙
獅子唐青椒（註 5）	4 條

註 5：日本常見的一種青椒，外觀與口感類似糯米椒。

1　將鰤魚兩側塗滿太白粉。將A拌勻備用。

2　鍋內倒入橄欖油，轉中火加熱，開始冒出薄煙時，將鰤魚放入鍋內炙燒約 2 分鐘，加熱到稍稍上色再翻面(如圖A)，加入 A 後，馬上蓋上鍋蓋。

3　從鍋蓋的隙縫散發出水蒸氣後，放入青椒。轉至微火繼續加熱約 3 分鐘，讓食材沾裹上鍋內的醬汁入味。

A

16 味噌鯖魚

短時間烹調即可完成的簡易料理，即使如此，因為是用鑄鐵鍋烹調，食材可以
確實入味，還可以防止食材煮爛。為了不讓味噌的香味蒸散，請於最後再加入
鍋內。使用２４cm水滴型鑄鐵鍋的話，亦可以直接套用這個食譜。

[材料：４人份]

生鮮鯖魚(半身)	2片
薑	1 節
料理酒	2大匙
醬油	1 大匙
砂糖	1大匙
味噌	1又1／2大匙

1 將鯖魚切半，放在濾網上，在魚肉雙面淋上熱水(如
　　圖Ａ)，並用流水將髒污以及血水沖洗乾淨。薑則切
　　成薄片。

2 鍋內放入酒、醬油、砂糖、薑片，轉中火加熱，沸騰
　　之後將鯖魚放入鍋內，蓋上鍋蓋。

3 從鍋蓋的隙縫散發出水蒸氣後，調成微火繼續加熱約
　　５分鐘。讓味噌溶於鍋內，持續以中火加熱約５分鐘，
　　並一邊攪拌直到鍋內的醬汁煮到濃稠收汁。

A

17 春雨沙拉

泰式風格的春雨（註6）沙拉（Yum Woon Sen），春雨會吸飽鍋內食材所釋放的水份，不需要再另外燙過。如果沒有紫洋蔥的話，使用一般的洋蔥代替也可以。鍋內的食材，可以依照個人喜好加入烏賊、干貝、泡開過的蘿蔔乾等，都非常適合這道料理。

[材料：4人份]

蝦仁	200g
芹菜	1／2根
紫洋蔥	1／2顆
紅甜椒	1顆
薑	1節
檸檬	1顆
紅辣椒	1根
春雨	40g
魚露	2大匙

註6：類似冬粉的食材。台灣的冬粉多半是以綠豆為材料。日本的春雨除了綠豆製品，多半是以馬鈴薯等根莖類的澱粉製成。

1　將芹菜斜切成薄片，紫洋蔥則沿著纖維的方向切成薄片，甜椒切成5mm寬大小。薑切末。辣椒去籽（如圖A）。春雨用溫水稍稍泡開即可。

2　鍋內依序加入薑末、辣椒、芹菜、紫洋蔥、春雨、蝦子、甜椒（如圖B）。淋上魚露後，蓋上鍋蓋轉中火加熱。

3　從鍋蓋的隙縫散發出水蒸氣後，調成微火繼續加熱約10分鐘。春雨煮到變軟後，即可熄火。擠入檸檬汁，依照個人喜好添加香菜（份量外・適量）。

使用14cm圓鍋烹調的份量

使用較小尺寸的鍋具烹調，可以直接連鍋上桌時，請將食材的份量減半。作法與上述食譜相同。

[材料：2人份]

蝦仁	100g	檸檬	1／2顆
芹菜	1／4根	紅辣椒	1／2根
紫洋蔥	1／4顆	春雨	20g
紅甜椒	1／2顆	魚露	1大匙
薑	1／2節		

18 蝦仁燒賣

將切成細條狀的燒賣皮纏繞在搓成圓球狀的內餡上，不會浪費燒賣皮，物盡其用的一道料理。為了防止鍋底燒焦，在鍋底鋪上的白菜，亦可更換成高麗菜或是萵苣。品嚐時，請將蔬菜和燒賣一起入口享用。

[材料：4人份]

蝦仁	200g
豬絞肉	250g
洋蔥	1／2顆
白菜	1／8顆
燒賣皮	30片
太白粉	2大匙
醬油	1大匙
麻油	2小匙
鹽	1／2小匙

1　蝦子清洗乾淨後，使用廚房紙巾擦乾水分，切成1cm長。洋蔥則切成末，白菜切成3cm的一口大小。燒賣皮皆切成5mm的寬度。

2　調理碗內加入蝦子、絞肉、洋蔥、麻油、醬油、鹽、太白粉，攪拌揉捏，做成肉餡。接著將步驟1一半份量的燒賣皮鋪在砧板上，把搓揉成圓球狀16等份的內餡，一個一個擺放在燒賣皮上方。擺放完成後，將剩下的燒賣皮放在每一個內餡上，用手將內餡與燒賣皮搓圓（如圖A）。

3　鍋內放入白菜並撒鹽（份量外·少許），蓋上鍋蓋轉中火加熱。從鍋蓋的隙縫散發出水蒸氣後，稍微翻拌，在白菜上方擺放步驟2（如圖B），蓋上鍋蓋。

4　從鍋蓋的隙縫散發出水蒸氣後，轉成微火再繼續加熱約10分鐘。依照個人喜好，點綴黃芥末醬（份量外·少許）於燒賣上。

19 薑燒旗魚

可以快速烹調完成，當成自己的招牌菜再適合不
過。冷掉了也好吃，當作便當的配菜也很適合。
將旗魚更換成鮭魚或是其他魚種也很美味。

staub
20cm

[材料：2 人份]

旗魚魚塊	2塊
洋蔥	1顆
蘆筍	4根
薑	1節
低筋麵粉	1大匙
醬油	2大匙
味醂	2大匙
橄欖油	1大匙
鹽	1 / 2小匙

1　撒鹽於旗魚塊上，塗抹低筋麵粉。洋蔥縱向切半，
　　再切成 1cm 寬度。蘆筍切成 5cm 長度，將根部
　　堅硬的部分去除。薑磨成泥。

2　鍋內倒入橄欖油，轉中火加熱，開始冒出薄煙時，
　　將旗魚放入鍋內。炙燒至表皮上色後翻面，加入
　　洋蔥與蘆筍（如圖 A），再淋入醬油、味醂，加入
　　薑泥，蓋上鍋蓋。

3　從鍋蓋的隙縫散發出水蒸氣後，調成微火繼續加
　　熱約 3 分鐘。

A

20 沖繩風苦瓜炒鯖魚

容易熟透的食材，比起一般的肉類更簡易烹調，短時間即可完成。料理內雞蛋的口感十分鬆軟，鯖魚分切大塊一點，吃起來會比較有份量。

[材料：4人份]

鯖魚水煮罐頭............1罐（瀝掉湯汁約120g）
苦瓜..................................1條（約200g）
洋蔥..1顆
紅蘿蔔...................................1／2條
雞蛋..2顆
醬油......................................2大匙
橄欖油....................................1大匙

1 將鯖魚罐頭的湯汁瀝乾。苦瓜縱向對切，去瓢去籽，切成1cm的寬度。洋蔥則沿著纖維的方向切成薄片，紅蘿蔔切絲。雞蛋打散備用。

2 鍋內倒入橄欖油，轉中火加熱，依序加入洋蔥、紅蘿蔔、鯖魚、苦瓜。淋上醬油稍微拌炒，蓋上鍋蓋。

3 從鍋蓋的隙縫散發出水蒸氣後，一邊使用鍋鏟稍稍按壓鯖魚，加入蛋液，持續拌炒直到食材熟透（如圖A）。

A

21 魩仔魚厚蛋燒

厚蛋燒使用平底鍋製作困難度比較高,可以善用較小尺寸的staub鑄鐵鍋,簡單的步驟轉眼間就完成。蓬鬆的厚度,十分有份量。這道菜不需要額外添加高湯也可以製作。

[材料:4人份]

魩仔魚...........................30g
雞蛋..............................4顆
A
　醬油........................1/2大匙
　味醂..........................2大匙
　水............................2大匙
　柴魚片.......................2.5g
橄欖油..........................1大匙

1　將雞蛋打入調理碗內,加入魩仔魚、A攪拌均勻。

2　鍋內倒入橄欖油,轉中火加熱,開始冒出薄煙後,轉動鍋子,讓鍋內側面也都佈滿油。

3　放入步驟1,底部凝固後,利用矽膠鍋鏟反覆攪拌(如圖A)。蛋液變成半熟狀後(如圖B),蓋上鍋蓋,調成微火,繼續加熱約5分鐘。

4　開始膨脹後即可熄火(如圖C),如果沒有膨脹的話,再繼續加熱2～3分鐘。不要取下蓋子,繼續放置15分鐘(使用餘熱燜煮)。使用矽膠鍋鏟在食材與鍋緣間輕劃,倒扣於盤子上取出。

換成西式風味的應用料理

22 起士歐姆蛋

將魩仔魚厚蛋燒換成西式風味的應用料理。加入牛奶,吃起來口感更柔軟蓬鬆、滑順。

[材料:4人份]

帕瑪森起士........................15g
雞蛋..............................4顆
牛奶..............................1大匙
橄欖油............................1大匙

將雞蛋打入調理碗內,再放入帕瑪森起士、牛奶攪拌均勻。烹調方式與魩仔魚厚蛋燒(請參照上方食譜)相同。

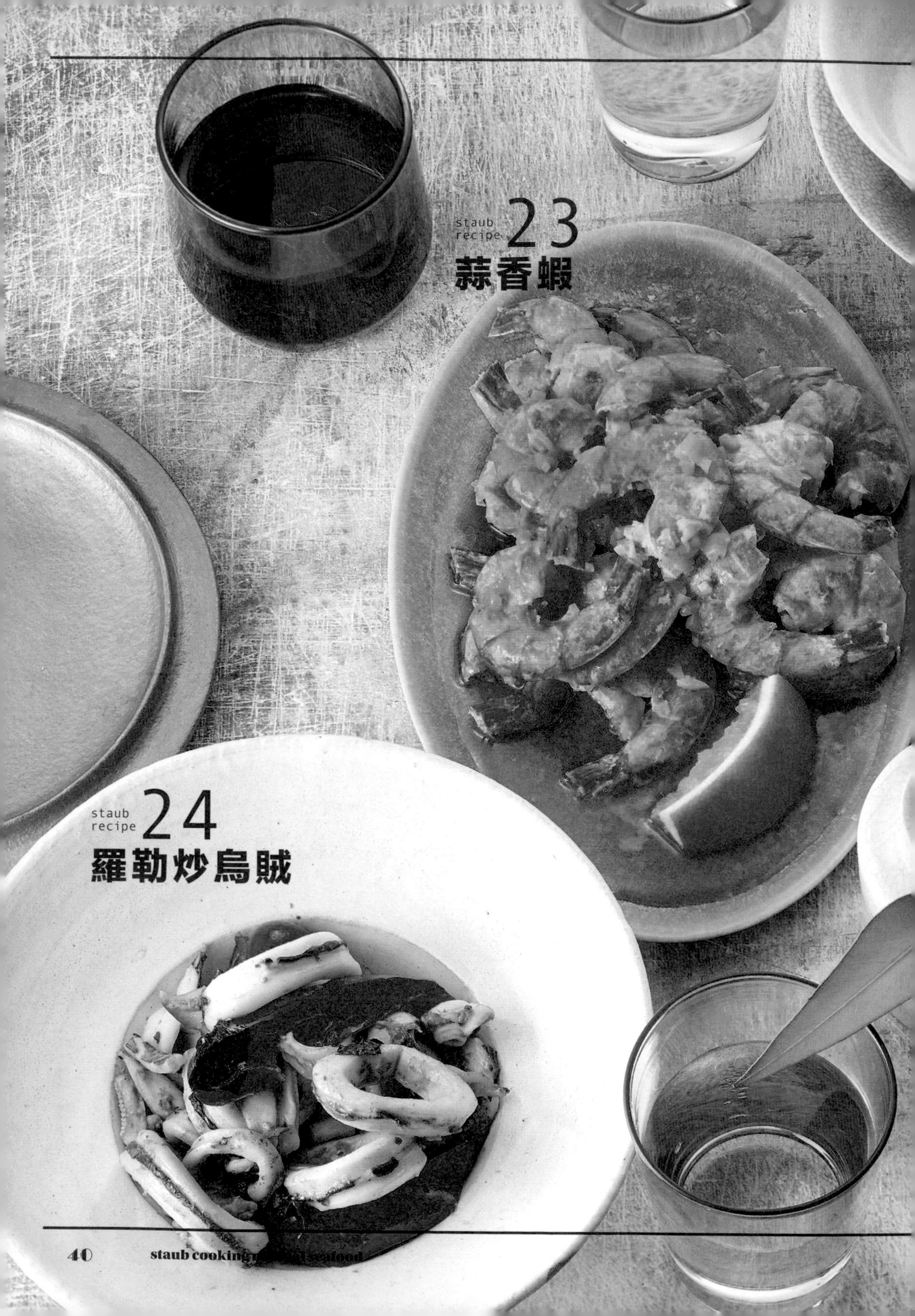

staub recipe 23

蒜香蝦

staub recipe 24

羅勒炒烏賊

staub
recipe 25
德式煎鮭魚馬鈴薯

staub
recipe 26
番茄蠔油旗魚

23

蒜香蝦

雖然食材很簡單，味道卻十分夠味，無論是下酒或是配飯都很適合。可以依照個人喜好擠上一些檸檬汁，做出清爽的口感。蝦子可以連殼一起吃，不習慣帶殼吃的人也可以剝殼吃無妨。

[材料：4人份]

蝦子(帶殼)..................	2 0尾(約4 0 0g)
蒜頭.............................	2瓣
橄欖油...........................	2大匙
奶油.............................	3 0g

1　蝦子帶殼，去掉蝦腳，清洗過後使用廚房紙巾擦乾，切開蝦尾的末端，用刀身擠出多餘水分。接著用廚房剪刀開背並去除腸泥。蒜頭則切末。

2　鍋內放入橄欖油與奶油爆香，轉中火加熱，放入蝦子。將蝦子的一面煎至金黃上色，大約5分鐘即可翻面。加入蒜頭與鹽（ 份量外・適量 ）稍微拌炒，蓋上鍋蓋。

3　從鍋蓋的隙縫散發出水蒸氣後，調至微火繼續加熱約1 0分鐘。依照個人喜好擠入檸檬汁（ 份量外・1 / 8顆 ）。

24

羅勒炒烏賊

短暫地加熱過，讓烏賊吃起來十分軟嫩。撒上羅勒葉，帶著異國情調的風味。也可以利用醬油代替魚露，做出和式風味。

[材料：4人份]

烏賊.............................	1尾(大)
紅甜椒...........................	1顆
蒜頭.............................	1瓣
羅勒葉...........................	5片
魚露.............................	1大匙
橄欖油...........................	1大匙
鹽...............................	1 / 2小匙

1　烏賊事先處理，將足部切成一口大小，身軀部分切成1cm寬度。甜椒則切成2cm寬，蒜頭切成薄片。

2　鍋內加入橄欖油、蒜頭，轉小火加熱，爆香到香味開始飄散後，改成中火並加入甜椒拌炒。接著加入烏賊、魚露稍微拌炒，蓋上鍋蓋。

3　從鍋蓋的隙縫散發出水蒸氣後，撒上撕碎的羅勒葉，以鹽調味。

staub recipe 26
番茄蠔油旗魚

炙燒過的旗魚香味迷人，搭配著加熱過呈現滑順口感的番茄、蠔油的鮮味與黏稠多汁的大蔥一起享用。採用冷油冷鍋的方式烹調，可以從容完成的一道料理。

[材料：4 人份]
旗魚切塊	4 塊
番茄	1 顆
大蔥	1 根
蒜頭	1 瓣
蠔油	1 大匙
太白粉	2 大匙
麻油	1 大匙
鹽	1／2 小匙

1　將旗魚分切成 4 等份，撒鹽於魚肉上再沾裹太白粉。番茄則切成 8 等份的半月狀，大蔥斜切成薄片，蒜頭則切成薄片。

2　鍋內依序加入麻油、蒜頭、大蔥、旗魚與番茄，蓋上鍋蓋轉中火加熱。

3　從鍋蓋的隙縫散發出水蒸氣後，淋上蠔油攪拌，繼續加熱到收汁。

staub recipe 25
德式煎鮭魚馬鈴薯

實際的味道比外觀看起來簡單不膩口。芥末籽一粒粒突出的口感，讓人無法忽視其存在。可以加入培根或是花椰菜，或是放入起士一起烤。請多多嘗試不同食材所組合的風味。

[材料：4 人份]
生鮮鮭魚切塊	2 塊
洋蔥	1／2 顆
馬鈴薯	2 顆
芥末籽醬	2 大匙
橄欖油	1 大匙
鹽	1／2 小匙

1　將鮭魚分切成 4 等份，撒鹽於魚肉上。洋蔥則切成薄片狀，馬鈴薯切成 5mm 寬的半月狀。

2　鍋內倒入橄欖油，轉中火加熱，放入洋蔥和馬鈴薯，拌炒洋蔥直到變成透明狀。接著再放入鮭魚，稍微拌炒，蓋上鍋蓋。

3　從鍋蓋的隙縫散發出水蒸氣後，調成微火繼續加熱約 5 分鐘。最後加入芥末籽醬攪拌均勻。

27 乾燒蝦仁

沾裹上太白粉烹調過的蝦子，口感吃起來很Q彈。直接加熱收汁，不需要再另外加入芡汁，還是能夠烹煮出稠度。

[材料：2人份]

蝦仁	200g
大蔥	1根
蒜頭	1瓣
薑	1節
料理酒	2大匙
豆瓣醬	1小匙
番茄醬	2大匙
太白粉	1大匙
麻油	1大匙
鹽	1／2小匙

1　蝦子清洗過後，使用廚房紙巾擦乾水份，沾裹上太白粉。將蔥、蒜、薑切末(如圖A)。

2　鍋內加入麻油、蒜頭、薑、蔥、豆瓣醬，轉中火加熱。開始飄散香味後，再加入料理酒、鹽稍微翻拌(如圖B)，蓋上鍋蓋繼續加熱約3分鐘。

3　最後加入番茄醬拌勻，蓋上鍋蓋放置5分鐘(使用餘熱燜煮)。

A

B

使用烘焙紙或鋁箔紙烹調的

燒烤料理

非常適合燒烤料理的staub鑄鐵鍋，只要將魚擺放在鍋內的烘焙紙上，或是將食材包裹在鋁箔紙內加熱即可簡單完成。魚肉放在鍋子裡和烘焙紙裡，雙層的空間包覆讓食材吃起來口感更軟嫩。

使用烘焙紙烹調

只要鋪上烘焙紙，蓋上鍋蓋加熱，即可烹調出帶有焦脆的外觀、熱呼呼的美味烤魚。蓋上鍋蓋烹調的話，油花既不會飛濺，味道也不會擴散到整個房間。

staub recipe **28 鹽烤鯖魚**

staub 20cm

蓋上鍋蓋烹調，讓魚的鮮美不會蒸散。經由燒烤的過程，魚肉起來會十分鬆軟。讓人食指大動的外觀，也不需要再花費時間洗烤箱內的烤網，餐後的清潔也更加輕鬆。

請鋪上比鍋底面積
稍大些的烘焙紙

[材料：2人份]　鹽漬鯖魚（半身）⋯⋯⋯⋯⋯1條

1 將鯖魚切半。準備好 1 張比鍋底面積再稍大些的烘焙紙。

2 鍋內鋪上烘焙紙，將步驟 1 的魚（魚皮朝下）放入。蓋上鍋蓋轉中火加熱約 3 分鐘，再調成微火繼續加熱約 5 分鐘。

3 打開鍋蓋，燒烤至上色後，再將魚翻面，蓋上鍋蓋繼續加熱約 2 分鐘。盛盤後，可依照個人喜好再添加蘿蔔泥（份量外‧適量）。

☞使用生鮮鯖魚的話，請撒鹽（適量）依照同樣的方式烹調。

☞蓋上鍋蓋的時候，請將烘焙紙往鍋內折。

☞步驟 3 沒有燒烤至上色時，請蓋上鍋蓋並以中火加熱直到上色。

使用 24cm 水滴形鍋烹調的份量

[材料：4人份]
鹽漬鯖魚（半身）⋯⋯⋯⋯2條

換個魚種,再多做一道菜

staub recipe

29 烤竹筴魚

使用staub鑄鐵鍋烤過後,吃起來既鬆軟又香酥。燒得焦黃的外觀,光用眼睛看就覺得很好吃。

[材料:2人份]
竹筴魚乾...2片(約80g / 1片)

1 鍋內鋪上烘焙紙,將竹筴魚皮面朝下擺放。蓋上鍋蓋轉中火加熱約5分鐘,再調整成微火繼續加熱約5分鐘。

2 打開鍋蓋,燒烤至上色後即可翻面,蓋上鍋蓋再繼續加熱約2分鐘。

staub recipe

30 烤鯷魚

肉身厚實的魚肉確實加熱後,吃起來肥美中還帶著嚼勁。

[材料:4人份]
鯷魚乾2片.....(約200g / 1片)

1 鍋內鋪上烘焙紙,將鯷魚皮面朝下擺放。蓋上鍋蓋轉中火加熱約5分鐘,再調整成微火繼續加熱約10分鐘。

2 打開鍋蓋,燒烤至上色後即可翻面,蓋上鍋蓋再繼續加熱約2分鐘。

烤魚的應用料理

staub recipe

31 烤竹筴魚的魚肉拌飯

有剩下多餘的烤魚時,推薦製作的一道應用料理。

[1~2人份]將炒蛋(雞蛋1顆)、切成圓片狀的小黃瓜(1 / 2條)、白芝麻(適量)、白飯(1碗份)、撕碎的烤竹筴魚(1片份)充分拌勻。也可以加入個人喜好的烤魚拌飯。

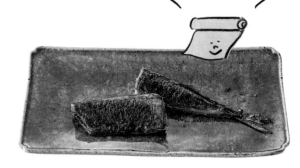

請使用烘焙紙

staub recipe 32 烤喜相逢

大量烹調時,建議使用水滴形的鍋具。燒烤時,為了避免沾黏的狀況,排放時魚與魚之間請保持間隙。

[材料:2人份]
喜相逢4尾(約15g/1尾)

[材料:4人份]
喜相逢8尾(約15g/1尾)

1　鍋內鋪上烘焙紙,放入喜相逢。蓋上鍋蓋轉中火,加熱約5分鐘。

2　打開鍋蓋,燒烤至上色時再翻面,鍋蓋不需要再蓋上繼續加熱約3分鐘。

staub recipe 33 烤秋刀魚

即使鋪上烘焙紙,仍然可以烤出漂亮的顏色。建議在秋刀魚的產季,品嚐一整隻秋刀魚肥美的滋味。

[材料:2人份]
秋刀魚..........2尾
鹽..............適量

[材料:4人份]
秋刀魚..........4尾
鹽..............適量

1　將秋刀魚的頭切除,腹部用刀切劃取出內臟,用水清洗乾淨。將魚切成一半,再使用廚房紙巾擦乾水份,撒鹽於魚上。

2　鍋內鋪上烘焙紙,放入步驟1排列。蓋上鍋蓋以中火加熱約5分鐘。

3　打開鍋蓋,燒烤至上色後再翻面,蓋上鍋蓋調成微火繼續加熱約5分鐘。

☞ P.113會介紹利用這道料理,延伸變化製出的各式料理。

staub recipe **34** 烤鮭魚

外皮酥脆，魚肉軟嫩。依照這個食譜烹調，剛剛好的火力將鮭魚烤得恰到好處。

[材料：2人份]
鮭魚切塊........2塊

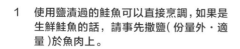

材料：4人份]
鮭魚切塊........4塊

1 使用鹽漬過的鮭魚可以直接烹調，如果是生鮮鮭魚的話，請事先撒鹽（份量外・適量）於魚肉上。

2 鍋內鋪上烘焙紙，放入步驟1排列。蓋上鍋蓋轉中火加熱約5分鐘，再調整成微火繼續加熱約5分鐘。

3 打開鍋蓋，燒烤至上色後再翻面，蓋上鍋蓋調成微火繼續加熱約2分鐘。

staub recipe **35**
甘酒味噌漬鮭魚

利用甘酒與味噌帶有層次感的滋味，沾裹著鮭魚，即使沒有添加砂糖，還是能品嚐到食材本身自然的甘甜。亦可使用味醂代替甘酒。

[材料：2人份]
生鮮鮭魚切塊.................................2塊
甘酒.................................2大匙
味噌.................................1大匙

1 將味噌與甘酒充分攪拌，連同鮭魚一同拌勻，靜置約20分鐘。

2 鍋內鋪上烘焙紙，放入步驟1排列。蓋上鍋蓋轉中火加熱約5分鐘，再調整成微火加熱約3分鐘。

3 打開鍋蓋，燒烤至上色再翻面，不需要再蓋上鍋蓋繼續加熱約2分鐘。

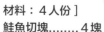

36 咖哩風味煎鯖魚

抹在整條魚身的在來米粉包裹住整體，呈現出香香脆脆的口感，
另外，咖哩風味更讓食慾倍增。由於魚皮細薄，容易沾黏鍋底，
鋪上烘焙紙即可避免此問題發生，亦可防止燒焦。

[材料：2人份]

生鮮鯖魚切塊(半身)........2塊

咖哩粉.........................1大匙

在來米粉.....................2大匙

鹽.........................1 / 2小匙

橄欖油.........................2大匙

1　將鯖魚的半身切成 4 等份。撒鹽於魚
　　上，並依序讓魚肉沾裹咖哩粉、在來
　　米粉。

2　鍋內鋪上烘焙紙。倒入橄欖油，步驟
　　1 的魚皮部分朝下擺放排列(如圖 A)。
　　蓋上鍋蓋轉中火加熱約 5 分鐘。

3　打開鍋蓋，燒烤至上色後再翻面，蓋
　　上鍋蓋繼續加熱約 2 分鐘。

請使用
烘焙紙

A

37 脆皮竹莢魚排

請使用
火共焙紙

沾裹在魚排上，有混入蒜頭的麵包粉容易烤焦的緣故，縮短了烹調時間。即使比起炸物用油量比較少，依然可以吃到酥脆的口感。

staub 20cm

[材料： 2人份]

竹莢魚(三枚卸切法)	2片
蒜頭	1瓣
香芹	1株
雞蛋	1顆
麵包粉	30g
低筋麵粉	2大匙
橄欖油	2大匙

1 將蒜頭與香芹切末，與麵包粉混勻。雞蛋打散備用。

2 依序將竹莢魚兩面皆沾裹上低筋麵粉、蛋液、麵包粉。

3 鍋內鋪上烘焙紙。倒入橄欖油，將步驟2魚皮部分朝下擺放排列(如圖A)。蓋上鍋蓋轉中火加熱約3分鐘，再調整成微火繼續加熱約2分鐘。

4 打開鍋蓋，燒烤至上色後再翻面；另一面持續加熱約3分鐘，直到燒烤至上色。盛盤，依照個人喜好擠入檸檬汁(份量外‧適量)。

A

staub recipe 38 奶油香煎秋刀魚

將一成不變的烤秋刀魚，加入奶油和韭菜變化出一道新的料理。在烘焙紙上放置奶油烹調秋刀魚，魚身會香煎出漂亮的烤色。秋刀魚連同黏稠多汁的韭菜一起享用，堪稱絕品。

[材料：2人份]

秋刀魚	2尾
杏鮑菇	1袋(約100g)
韭菜	1／2束
鹽	1／2小匙
奶油	20g

1　將秋刀魚的頭切除，腹部用刀切劃取出內臟，用水充分清洗乾淨。將魚對半切，使用廚房紙巾擦乾水份，撒鹽於魚上。杏鮑菇則切成1cm寬度，韭菜切成2cm的長度。

2　鍋內鋪上烘焙紙。依序加入奶油、秋刀魚、杏鮑菇、韭菜(如圖A)，蓋上鍋蓋轉中火加熱。

3　從鍋蓋的隙縫散發出水蒸氣後，轉成微火繼續加熱約5分鐘。

A

使用鋁箔紙烹調

使用鋁箔紙烹調時，不需要調整火力。可以省去繁複的火力調節，只要計算好時間轉中火加熱即可。外出時將食材放入鍋內，再保存於冷藏庫內，回來後只要依照指定時間加熱，即可馬上上菜。簡單的步驟，屬於便利好用的烹調方法。

staub recipe **39** 鮭魚鏘鏘燒

一種北海道的鄉土料理。使用鋁箔紙包覆全部食材（不需緊密包覆）烹調的話，和用小烤箱烘烤具有一樣的效果。恰到好處的火力調節，讓魚肉與蔬菜的水份不會在調理過程中過度釋放。

請使用鋁箔紙

使用 20cm 圓鍋 烹調的份量

[材料：3人份]

生鮮鮭魚切塊	3塊
高麗菜	1／8顆（約150g）
青椒	1顆
A	
｜ 味噌	1大匙
｜ 味醂	1大匙
橄欖油	1大匙
鹽	1小匙

生鮮鮭魚切塊	2塊
高麗菜	1／16顆（約75g）
青椒	1／2顆
A	
｜ 味噌	2小匙
｜ 味醂	2小匙
橄欖油	2小匙
鹽	2／3小匙

1 使用廚房紙巾將鮭魚的水份拭乾，撒鹽於魚肉上。高麗菜切成3cm的一口大小，青椒則切成1cm寬度的條狀。請備妥3張20cm長度的鋁箔紙。

2 取出1張鋁箔紙，在中央依序淋上橄欖油，放入高麗菜、鮭魚、青椒，以及拌勻的A（皆1／3的份量），沿著斜對角包裹。剩下的食材按照同樣的方式，包入鋁箔紙內。

3 將步驟2放入鍋內，蓋上鍋蓋轉中火加熱約10分鐘。

使用鋁箔紙烹調的加熱時間標準

步驟3，上蓋後轉中火的加熱時間請以下述為基準：

· 以20cm圓鍋烹調的話，加熱時間約8分鐘
· 以24cm水滴形鍋烹調的話，加熱時間約10分鐘

※如果食材沒有熟透，請再延長加熱時間1～2分鐘。

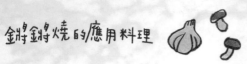

staub
recipe

4❶ 蒜香烤鰤魚

緊緊鎖住食材內的水分，肉質既軟嫩又充滿肉汁。容易
烤焦的蒜頭，請放在魚肉上方再包入鋁箔紙內。

staub
20cm

請使用鋁箔紙！
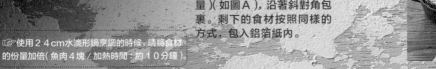

[材料：2人份]

鰤魚切塊	2塊
鴻禧菇	1袋（約160g）
蒜頭	2瓣
橄欖油	1大匙
鹽	1／2小匙

☞ 使用24cm水滴形鍋烹調的時候，請將食材
的份量加倍（魚肉4塊／加熱時間：約10分鐘）。

1　將鴻禧菇根部切除撥開。蒜
頭切成薄片。撒鹽於鰤魚上。
請備妥2張20cm長度的
鋁箔紙。

2　取出1張鋁箔紙，在中間依
序淋上橄欖油，放入鰤魚、鴻
禧菇、蒜頭（皆1／2的份
量）（如圖A），沿著斜對角包
裹。剩下的食材按照同樣的
方式，包入鋁箔紙內。

3　將步驟2放入鍋內，蓋上鍋
蓋轉中火加熱約8分鐘。

A

請使用鋁箔紙！

staub recipe **41** 義式起士烤鱈魚

口味清淡的白肉魚，加入濃厚的起士一起烹調，吃起來會更有飽足感。可以加入不同種類的起士，或是將番茄醬改用番茄替代皆可。

[材料：4人份]

鹽漬鱈魚	4塊
洋蔥	1顆
莫扎瑞拉起士1個(約100g)	
番茄醬	2大匙
羅勒葉	4片
橄欖油	2大匙

staub 24cm

1　將洋蔥沿著纖維垂直的方向切成薄片。請備妥4張20cm長度的鋁箔紙。

2　取出1張鋁箔紙，在中央依序淋上橄欖油，放入洋蔥、鱈魚、撕成一口大小的莫扎瑞拉起士、番茄醬(皆1／4的份量)，沿著斜對角包裹(如圖A)。剩下的食材按照同樣的方式，包入鋁箔紙內。

3　將步驟2放入鍋內，蓋上鍋蓋轉中火加熱約10分鐘。打開鋁箔紙，撒上撕碎的羅勒葉。

A

☞使用20cm圓鍋烹調的時候，請將食材的份量調整為1／2(魚肉2塊／加熱時間：約8分鐘)。

請使用鋁箔紙

staub 14cm

^{staub}
^{recipe} **42 奶油醬烤透抽**

奶油與透抽內臟讓整道料理彷彿是沾裹著濃稠的醬汁般。
直接吃，或是搭配剛煮好的白飯、加入馬鈴薯一起吃都很
美味。在鍋內鋪上鋁箔紙的話，食材不會沾鍋，方便清理
乾淨。

[材料：2人份]

透抽(小)	1尾
蒜頭	1瓣
奶油	2 0g
醬油	1大匙

1　將透抽事先處理過，足部切成３cm的長度，身軀部
　　分則切成１cm寬度。取出內臟備用。蒜頭切成薄片。
　　請備妥１張２０cm長度的鋁箔紙。

2　取出鋁箔紙，在上方擺上奶油、蒜頭、透抽、內臟。
　　將內臟戳破，淋上醬油(如圖Ａ)，沿著斜對角包裹。

3　將步驟２放入鍋內，蓋上鍋蓋轉中火加熱直到冒出水
　　蒸氣(約１０分鐘)即可。

A

staub recipe 43 檸香旗魚

酸酸的檸檬具有畫龍點睛的提味效果，華麗的外觀作為宴客料理再適合不過。
烹調的時候，不需再調整火力，製作起來非常簡單。墊在最下方的番茄，宛如
醬汁般的媒介，番茄的滋味伴隨著鍋內的每個食材，形成美好的滋味。

[材料：2人份]

旗魚切塊	2塊
檸檬	1／2顆
番茄	1顆
橄欖油	1大匙
鹽	1小匙

1　將檸檬充分清洗乾淨，切成圓形的薄片。番茄則對半
　　切，再切成1cm寬度。撒鹽於旗魚上。請備妥2張
　　20cm長度的鋁箔紙。

2　取出1張鋁箔紙，在中間依序淋上橄欖油，放入番茄、
　　旗魚、檸檬（皆1／2的份量），沿著斜對角包裹（如
　　圖A）。剩下的食材按照同樣的方式，包入鋁箔紙內。

3　將步驟2放入鍋內，蓋上鍋蓋轉中火加熱約8分鐘。
　　可以依照個人喜好撒入胡椒（份量外‧適量）調味。

請使用鋁箔紙

☞使用24cm水滴形鍋烹調的時候，請將食材
的份量加倍（魚肉4塊／加熱時間：約10分鐘）。

特別日子裡的慶祝料理

44 鹽釜燒

staub 23cm

日本東北特有的料理法「鹽釜燒」，一道適合在派對或是特別日子裡出現的菜色。遍佈鍋內的鹽分，讓味道徹底地入味。如果魚身較大，可以去尾後再放入。若是食材符合鍋子的大小，同樣的作法亦可將魚類更換為豬五花或是豬肉塊。２４cm水滴形鍋、２４cm圓鍋的大小皆適合烹調這道料理。覆蓋的厚鹽較為堅硬，敲開時請留意鹽塊飛散。

[材料：4人份]

鯛魚※..........................1尾(約300g)
蛋白..................................2顆份
低筋麵粉..............................30g
粗鹽..................................500g

※鯛魚的體長約23~25cm,事先去掉鱗片、內臟、魚鰓。可以請店家代為處理。

請使用
烘焙紙

1 烤箱預熱220°C。在調理碗裡放入蛋白,使用打蛋器打發蛋白直到稍稍冒泡。

2 放入鹽與低筋麵粉,使用矽膠鍋鏟將食材攪拌均勻。

3 鍋內鋪上烘焙紙,將步驟2一半的份量鋪在鍋內,再放入鯛魚。

4 放入步驟2剩下的食材,稍稍調整形狀。不要蓋上蓋子,使用烤箱烤約30分鐘。

5 從烤箱取出鍋子,使用鍋鏟或桿麵棍等器具將鹽釜(覆蓋的厚鹽)敲開即可。

海鮮常備菜

簡單方便的常備菜，只要製作好保存於冷藏庫，直接就可拿出來吃，或是變化應用成為新的菜色，增加料理的豐富度。烹調的時候，確保火力讓食材熟透，至少可以在冷藏庫保存一個星期。這麼方便的常備菜，是您每天烹調時強力的後援隊友。

staub recipe 45

油漬沙丁魚

將剩餘的魚類食材用油煮的方式烹煮保存的話，可以應用於許多料理上，非常便利。去骨烹調時，加熱約10分鐘即可。如果是採用三枚卸切法的話，加熱約5～10分鐘即可食用。

[材料：4人份]

沙丁魚........................4尾(約300g)
迷迭香................................2枝
特級冷壓橄欖油..................100ml
鹽..1／4小匙

1　將沙丁魚頭部切除，用刀劃過腹部，取出內臟和血水，以清水仔細清洗。使用廚房紙巾將水份擦乾，將魚對切半切，撒鹽。

2　鍋內倒入橄欖油，再放入步驟1。鋪上迷迭香，蓋上鍋蓋轉中火加熱。

3　從鍋蓋的隙縫散發出水蒸氣後，調成微火繼續加熱約45分鐘～1小時。不要取下鍋蓋，放置直到冷卻(使用餘熱燜煮)。

☞ 使用20cm圓鍋烹調的時候，請將每種食材的份量加倍。
☞ 事先將保存容器煮沸消毒，冷卻後再放入食材，可以於冷藏庫保存1～2個星期。

staub recipe 46

油漬牡蠣

來到牡蠣盛產的季節時，請務必嘗試看看的一道料理。只需要少量的橄欖油就可以完成的油漬料理。稍微添加變化，將醬油替換成迷迭香或百里香，就是西式的風味。依照個人喜好加入辣椒，調整成適合自己的辣度。

[材料：4人份]

去殼牡蠣..........................1包(約200g)
蒜頭....................................2瓣
紅辣椒................................2根
醬油....................................1大匙
特級冷壓橄欖油..................50ml

1　使用廚房紙巾將牡蠣的水份擦乾。蒜頭切成薄片，辣椒去籽。

2　鍋內放入所有的食材，轉中火加熱。沸騰後蓋上鍋蓋，轉微火繼續加熱約10分鐘。不要取下鍋蓋，放置直到冷卻(使用餘熱燜煮)。

☞ 事先將保存容器煮沸消毒，冷卻後再放入食材，可以於冷藏庫保存1個星期。

應用料理

staub recipe 47

沙丁魚起士開胃小點

將油漬沙丁魚與奶油起士(皆適量)一起放在切片的長棍麵包上，撒上些許黑胡椒與切末的香芹葉。

staub recipe 48

牡蠣義大利麵

將煮好的義大利麵(80g／1人份)與油漬牡蠣(1／2份量)攪拌均勻即可。

49 一整尾秋刀魚的油漬料理

慢慢地熬煮去除掉魚腥味，魚內臟吃起來彷彿是經過鹽辛（註7）醃漬過的口感。依照個人喜好的口味，可以將孜然更換成迷迭香，或是加入辣椒、蒜頭都很適合，很美味。

[材料：4人份]

秋刀魚	3尾
孜然	1小匙
特級冷壓橄欖油	100ml
鹽	1／2小匙

staub
23cm

1 以流水將秋刀魚仔細清洗，使用廚房紙巾將水份拭乾，撒鹽。依照鍋子的寬度，將秋刀魚切成適當的大小。

2 鍋內倒入橄欖油，將步驟1排列入鍋。將孜然放在魚肉上方（如圖A），蓋上鍋蓋轉中火加熱。

3 從鍋蓋的隙縫散發出水蒸氣後，轉成微火繼續加熱約1個半小時。不要取下鍋蓋，放置直到冷卻（使用餘熱燜煮）。

A

☞事先將保存容器煮沸消毒，冷卻後再放入食材，可以於冷藏庫保存1個星期。

註7：日本常見的漬物之一，用鹽或醬油醃漬魚貝類等食材而成，做為下酒菜或是調味料。

staub 14cm

staub recipe

5〇 鰹魚的日式甘辛煮

將蛋黃淋在白飯上，讓人食指大動的一道美味料理。如果有吃剩的生魚片，可以加入一同享用。若是增加薑的份量，一起熬煮，經由這個方式熬煮過的薑，稱之為「佃煮」，又是另一道料理。這種家常的小菜，甜甜鹹鹹的口味同樣非常下飯。

[材料：4人份]

鰹魚生魚片(切片)......１５０ｇ
薑.............................. 1 節
醬油.......................... 2 大匙
味酬.......................... 2 大匙
砂糖.......................... 1 大匙
橄欖油....................... 2 小匙

1　將鰹魚切成２cm大小的塊狀。薑則切成薄片。

2　鍋內倒入橄欖油，轉中火加熱，開始冒出薄煙後，放入鰹魚稍稍拌炒(如圖Ａ)。

3　把薑、醬油、味酬、砂糖放入鍋中，蓋上鍋蓋。從鍋蓋的隙縫散發出水蒸氣後，轉成微火繼續加熱約１０分鐘。

4　打開鍋蓋稍稍攪拌食材，繼續加熱約３分鐘，將湯汁煮到收汁濃稠狀即可。

☞事先將保存容器煮沸消毒，冷卻後再放入食材，可以於冷藏庫保存１個星期。

51

鮭魚鬆

staub 14cm

這是一道可以當作常備菜，隨時都能取出食用，和其他料理混搭皆適合的萬用料理，不管是拌入剛煮好的米飯，或是當作煎蛋的內餡，加入便當作為配菜，百搭的料理怎麼搭都合適。

[材料：方便製作的份量]

鹽漬鮭魚切塊……………………………2塊
料理酒………………………………………1大匙

1　鍋內放入鮭魚、料理酒，轉中火加熱，沸騰後蓋上鍋蓋。

2　從鍋蓋的隙縫散發出水蒸氣後，轉成微火繼續加熱約5分鐘。

3　去除魚骨和魚皮，並將魚肉撥碎。

☞事先將保存容器煮沸消毒，冷卻後再放入食材，可以於冷藏庫保存4～5日。

延伸吃法

52

鯖魚鬆

staub 14cm

將容易乾柴的鯖魚，烹調成濕潤口感的一道菜色。使用生鮮鯖魚烹調的話，請淋上2大匙的醬油。如果只有使用料理酒烹調的話，請參考鮭魚鬆的食譜，採用同樣的食材製作。

[材料：方便製作的份量]

鹽漬鯖魚(半身)……………………………2片
A

┌ 味醂………………………………………2大匙
│ 醬油………………………………………1大匙
│ 料理酒……………………………………1大匙
│ 砂糖………………………………………1大匙
└ 白芝麻……………………………………2小匙

1　去除魚骨，切成一口大小。

2　鍋內放入A，轉中火加熱，沸騰後放入步驟1。

3　再度沸騰後，蓋上鍋蓋調成微火繼續加熱約10分鐘。

4　連皮將魚肉撥碎。

☞事先將保存容器煮沸消毒，冷卻後再放入食材，可以於冷藏庫保存4～5日。

53 法式鮭魚肉抹醬

將鮭魚鬆(1/2份量)與橄欖油(1大匙)放入食物調理機內攪拌至滑順的狀態即可。

54 炸豆皮吐司

在炸豆皮(1片)鋪上鯖魚鬆(適量)、起士或是美乃滋(適量)等食材，放入烤箱內烘烤至金黃酥脆即可。

炸物

外皮酥脆，裡面熱呼呼多汁軟嫩──

蓄熱性高的staub鑄鐵鍋，最適合炸物的烹調了。由於魚很快即可熱透，短暫的油炸過後，口感十分酥脆輕盈。特別具有份量感的炸物，不會輸給肉類，小朋友也會喜歡的料理。

55 炸竹筴魚

staub鑄鐵鍋鍋具具有一定的高度，讓油花不易飛濺。由於只需短暫的炸過即可熟透，基本上不需上蓋直接烹調即可。經過短時間的油炸，再加上油溫不易下降的特性，讓炸物吃起來十分酥脆可口。

[材料：2人份]

竹莢魚 (背開)(註8).........................2尾
低筋麵粉...2大匙
蛋液..1顆份
麵包粉..50g
炸油..400ml

註8:日式料理的一種魚肉切法，常用於魚類炸物。先去除掉頭部，取出內臟，再將魚從背割方，沿著魚骨剖開切至魚腹將其攤開，取出魚骨。

1 鍋內倒入炸油，轉中火加熱至約180°C。竹莢魚依序沾裹低筋麵粉、蛋液、麵包粉。

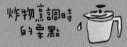

2 將1尾竹莢魚放入步驟1的鍋內，油炸約1～2分鐘。

3 表面炸到酥脆的金黃褐色後，翻面油炸另一面。取出後瀝乾油份。剩下的食材，依照同樣的方式油炸。

炸物烹調時的要點

☞由於魚類所含水分較多，請仔細拭乾表面水份。

☞請於入鍋前再讓食材沾裹麵衣。

☞魚類由於所需油炸時間較短，不需上蓋直接烹調即可。

☞製作「脆脆的魚骨仙貝(下記)」、「炸小竹莢魚(P.63)」、「炸蝶魚(P.65)」等料理時，請蓋上鍋蓋徹底加熱，讓骨頭炸到酥脆。

☞請斟酌一次放入食材的份量，避免互相沾黏在一起。

連骨頭都炸得酥脆

staub
recipe **56 脆脆的魚骨仙貝**

如同名字般，酥酥脆脆、嘎吱嘎吱的口感，非常適合當作下酒菜。

[材料：4人份]

竹莢魚的魚骨................4尾份
低筋麵粉.........................1大匙
炸油.............................400ml
鹽...................................適量

1 鍋內倒入炸油，轉中火加熱至約160°C。竹莢魚骨切半，撒鹽(份量外・少許)靜置約5分鐘。以水清洗過後，使用廚房紙巾擦乾水份，再裹上低筋麵粉。

將魚骨不要與其他骨頭碰在一起的距離放入步驟1的鍋內，蓋上鍋蓋加熱約5分鐘。開始冒出水蒸氣後，轉成微火。取下鍋蓋，接著再加熱約5分鐘。盛盤，撒鹽於魚骨上即可。

炸竹莢魚麵衣
的應用料理

57
炸起士竹莢魚

staub
20cm

麵糊加入起士，金黃酥脆的吃起來也格外有份量。由於起士本身帶有鹹味，不需再額外準備沾醬即十分夠味，直接吃就很好吃。

[材料：4人份]
竹莢魚(背開)..................................4尾
低筋麵粉..2大匙
蛋液...1顆份
麵包粉...30g
帕瑪森起士.....................................15g
炸油...400ml

1　鍋內倒入炸油，轉中火加熱至約180°C。麵包粉混入帕瑪森起士備用。竹莢魚依序沾裹低筋麵粉、蛋液、麵包粉。

2　將1條竹莢魚放入步驟1的鍋內，油炸1～2分鐘。

3　將表面炸到酥脆的金黃褐色後，翻面至另一面繼續油炸。完成後取出，瀝乾油份。剩下的食材，依照同樣的方式油炸。

59
塔塔醬

無論是大人小孩都喜歡的醬料。一次多做一些沾著食材一同享用。

58
香草炸魚

staub
20cm

擠入檸檬汁、再加點鹽搭配一起吃，完美的組合絕品美味。沾著塔塔醬吃也很不錯。將羅勒葉更換成自己喜歡的香草類也可以。

[材料：4人份]
竹莢魚(背開)..................................4尾
低筋麵粉..2大匙
蛋液...1顆份
麵包粉...50g
羅勒葉...5片
炸油...400ml

1　鍋內倒入炸油，轉中火加熱至約180°C。麵包粉混入切末的羅勒葉備用。竹莢魚依序沾裹低筋麵粉、蛋液、麵包粉。

2　將1條竹莢魚放入步驟1的鍋內，油炸1～2分鐘。

3　表面炸到酥脆的金黃褐色後，翻面油炸另一面。完成後取出，瀝乾油份。剩下的食材，依照同樣的方式油炸。

最適合炸物

[材料：方便製作的份量]
小黃瓜......1 / 2條(約50g)
洋蔥.........1 / 8顆(約25g)
水煮蛋.........................2顆
美乃滋.........................2大匙

換個魚種，再多做一道菜

staub recipe 60

炸喜相逢

僅僅裹上麵糊油炸，吃起來感覺就更有份量。加入起士粉或是香草，都很美味。

[材料：4人份]

喜相逢.................8尾(約15g／1尾)
低筋麵粉.............................30g
蛋液...................................1顆份
麵包粉.................................30g
海苔粉.................................2小匙
炸油.................................400ml

1 鍋內倒入炸油，轉中火加熱至約180°C。麵包粉混入海苔粉備用。使用廚房紙巾將喜相逢的水份拭乾，依序沾裹低筋麵粉、蛋液、麵包粉。

2 將喜相逢放入步驟1的鍋內，盡量不要讓鍋內的喜相逢彼此沾黏(約4尾)，油炸2~3分鐘。

3 表面炸到酥脆的金黃褐色後，取出瀝乾油份。剩下的食材，依照同樣的方式油炸。

芥末籽醬.....................2小匙
鹽.......................1／4小匙

將小黃瓜、洋蔥、水煮蛋切末，與其他食材攪拌均勻即可。

staub recipe 61

炸小竹莢魚

連骨頭一整條魚都能吃的小竹莢魚，油炸時請蓋上鍋蓋確實地加熱。丁香魚、西太公魚等魚種，不需取下魚鰓，也可以一整條直接入鍋油炸。完成時，撒些咖哩粉、海苔粉增添風味也很不錯。

[材料：4人份]

小竹莢魚(體長10cm以下).......300g
太白粉.................................2大匙
炸油.................................400ml
鹽.................................1／2小匙

1 以手指將小竹莢魚的魚鰓和內臟取下(如圖A)，仔細清洗乾淨。使用廚房紙巾擦乾水份，裹上薄薄一層太白粉。鍋內倒入炸油，轉中火加熱至約180°C。

2 將小竹莢魚放入步驟1的鍋內，盡量不要讓鍋內的小竹莢魚彼此沾黏，蓋上鍋蓋繼續油炸約3分鐘。中途從鍋蓋的隙縫散發出水蒸氣後，調整成微火。

3 蒸氣停止散發後(約經過3分鐘)，如同滑動般迅速地取下鍋蓋。表面炸到酥脆的金黃褐色後，將魚取出瀝乾油份。仍然相當生軟的話，將其翻面，再度轉中火入鍋油炸。剩下的食材，依照同樣的方式烹調。盛盤，撒鹽，依照個人喜好擠入檸檬汁(份量外・適量)。

62 炸鮭魚鬆

嘎吱嘎吱脆脆的口感，嚼勁滿點的一道料理。
即使冷掉了，仍能保有嚼勁，當成便當的配菜
也很適合。在我們家，這是最受小朋友歡迎的
一道點心。

[材料：4人份]

生鮮鮭魚切塊.........................	4塊
醬油....................................	1大匙
鹽......................................	1／2小匙
低筋麵粉..............................	4大匙
蛋液...................................	1顆份
玄米麥片..............................	100g
炸油...................................	400ml

1　把鮭魚分切成4等份，放入調理碗。加入
　　醬油和鹽稍稍翻拌，靜置約10分鐘。將
　　玄米麥片用力搗碎備用。

2　鍋內倒入炸油，轉中火加熱至約180°
　　C。將鮭魚依序沾裹低筋麵粉、蛋液、玄
　　米麥片（如圖A）。

3　將鮭魚放入步驟2的鍋內，盡量不要讓鍋
　　內的鮭魚彼此沾黏，將兩面都炸至酥脆約
　　3分鐘。取出後，瀝乾油份。剩下的食材，
　　依照同樣的方式油炸。

A

staub 20cm

staub recipe

63 炸鰈魚

通常以醬煮為主的鰈魚料理，少見以油炸方式登場。炸過後吃起來十分具有份量感，適合拿來招待客人的一道料理。只是換成油炸的方式烹調，就製造出獨特的感覺。

[材料：2人份]

鰈魚切塊	2塊
醬油	1大匙
料理酒	2小匙
薑(磨泥)	1節份
太白粉	2大匙
炸油	400ml

1　把鰈魚最厚實的部分，劃上1cm的十字切口。

2　將步驟1放入調理盤，倒入醬油、料理酒、薑靜置約20分鐘(如圖A)。使用廚房紙巾拭乾水份，沾裹上太白粉。鍋內倒入炸油，轉中火加熱至約170°C。

3　將鰈魚放入步驟2的鍋內，盡量不要讓鍋內的鰈魚彼此沾黏，蓋上鍋蓋繼續油炸約5分鐘。中途從鍋蓋的隙縫散發出水蒸氣後，調整成微火。

4　水蒸氣停止散發後(約經過3分鐘)，如同滑動般迅速地取下鍋蓋。將魚肉翻面，轉中火繼續油炸約5分鐘，使其炸至酥脆。取出後，瀝乾油份。

A

炸物　　　**83**

64 蝦子與起士的青紫蘇春捲

外皮酥脆、被包裹住的蝦子Q彈，再加上濃稠黏密的起士。青紫蘇清爽的香氣，特別突出，小朋友也會喜歡的一道料理。干貝、白肉魚、肉片等食材都可以用同樣的方式油炸。蝦子與青紫蘇皆會釋放出水份，烹調前請事先擦乾水份再包入。

[材料：10 條份]

蝦仁....................10尾(約150g)

青紫蘇...........................10片

6P起士(註9)...................5塊

春捲皮...........................10片

麵粉水

| 低筋麵粉.....................1大匙

| 水.........................2小匙

炸油........................400ml

註9：日本雪印的起士品牌。此產品的特徵為圓型起司
分切成6等分的扇型。可以將起士塊切小塊代用。

1　將蝦子、青紫蘇洗淨，用廚房紙巾確實拭乾。起士切成1cm寬度。蝦子根據起士的寬度切小塊(如圖A)。低筋麵粉與水攪和，製成麵粉水。將春捲皮回復至常溫。鍋內倒入炸油，轉中火加熱至約160°C。

2　將食材包入春捲(參照下方步驟)。

3　在步驟1的鍋內放入步驟2包好的春捲2～3條。中途開始冒出大顆氣泡時，將火力調小，如果氣泡太小，則可將火力轉成中火，如此反覆調整火力。炸到呈現金黃褐色時，再翻面繼續油炸，整體炸至同樣色澤即可取出，瀝乾油份。剩下的食材，依照同樣的方式油炸。

A

春捲的包法

將春捲皮光滑面朝下放置。於下方(靠進自己的一側)，放上起士(1／10份量)，起士上方再堆疊蝦子，春捲皮的最上方一側放上青紫蘇。

靠近手邊一側往蝦子上方折疊，左右兩側的春捲皮往中間交叉疊放(約是折疊至起士另一端)。建議春捲皮的寬度，上方要比下方窄，由寬至窄的方式，可以捲出漂亮的春捲。

從下方往上方前進包裹，壓實讓內部不要充滿太多空氣。

上手油炸春捲的要點

☞請確實擦乾內餡中的蝦子與青紫蘇的水份。

☞包裹春捲時，請壓實讓內部不要充滿空氣。

☞包好後，春捲皮的邊緣請塗抹上麵粉水，讓春捲皮可以確實密封住。

☞製作海鮮春捲時，內餡請冷卻後再包裹。

大約包好2～3條後，就可以開始炸春捲，一邊炸可以一邊包剩下的春捲。

包好後，於邊緣塗抹上麵粉水，確實地封住春捲皮。

[材料：10 條份]

中式海鮮熱炒(請參照P.94)

.....................一半的份量

春捲皮...........................10片

鹽..........................1／4小匙

麵粉水

| 低筋麵粉.................1大匙

| 水.........................2小匙

炸油........................400ml

staub
recipe **65 海鮮春捲**　春捲皮包裹住勾芡過的海鮮內餡的一道料理。只要記住包裹與油炸的要點，內餡可以換成自己喜好的食材。

1　在小鍋內放入中式海鮮熱炒的食材，轉中火加熱，加入芡汁(份量外·太白粉2大匙、水4大匙)，撒鹽，持續加熱直到呈現勾芡濃稠狀。盛放到調理盤上，直到熱氣散失後，再放入冷藏庫冷卻。

2　取步驟1的1／10份量，使用春捲皮包裹住食材，放入油鍋內油炸(包裹與油炸方式，請參照上方說明)。

66 炸鱈魚排

輕盈脆口的麵衣，搭配上鬆軟的鱈魚口感。鹽漬鱈魚本身帶有鹹味，不需要任何調味，直接吃就很好吃。

[材料：4人份]

鹽漬鱈魚	4塊
低筋麵粉①	2大匙
低筋麵粉②	100g
泡打粉	1小匙
氣泡水	200ml
炸油	400ml

1　鍋內倒入炸油，轉中火加熱至約180°C。將鱈魚分切成3等份，沾裹低筋麵粉①。在調理碗內倒入低筋麵粉②、泡打粉、氣泡水以筷子輕輕攪拌，不需過度攪拌，讓容器周遭還有殘留粉狀顆粒的狀態即可（如圖A），再放入鱈魚裹上麵糊。

2　將鱈魚放入步驟1的鍋內，盡量不要讓鍋內的鱈魚彼此沾黏（如圖B），油炸2～3分鐘。

3　表面炸到酥脆的金黃褐色後，取出瀝乾油份。魚肉仍然相當生軟的話，將其翻面，再度轉中火入鍋油炸。剩下的食材，依照同樣的方式油炸。

67 在來米粉的天婦羅

使用在來米粉調配麵糊，不容易失敗的配方（註 9）。持續攪拌麵糊也不需擔心出筋。依照個人喜好，請搭配鹽、日式醬油露、蘿蔔泥一起享用。

［材料：2～3人份］

蝦子（草蝦等）.......................6尾
沙鮻魚（事先剖開去骨及內臟）..........
..............................4尾（約20g／1尾）
在來米粉.............................50g
氣泡水..............................100ml
炸油................................400ml

註9：由於在來米粉不含有麩質，持續攪拌也不會出筋，可以讓炸物的麵衣吃起來更輕盈酥脆。

1　蝦子去殼，只留下尾巴一節，並去除掉蝦腳和背部的腸泥，清洗過後使用廚房紙巾拭乾水份，事先切開蝦尾的尖端，用刀身擠出多餘水分，就能避免油花噴濺。為了讓蝦子不要呈現捲曲狀，於蝦腹劃切１cm間隔的切口，讓蝦子可以呈現直線狀的方式伸展蝦軀（如圖A）。將蝦子與沙梭魚沾裹上在來米粉（份量外）。鍋內倒入炸油，轉中火加熱至約170°C。

2　在調理碗內倒入在來米粉和氣泡水，以筷子仔細攪拌均勻，製作麵糊（如圖B）。

3　拿著蝦尾，裹上步驟２後放入步驟１的鍋內（如圖C），油炸約２～３分鐘至酥脆的狀態。剩下的食材依照同樣的方式油炸。

（適合炸天婦羅的食材）

請使用喜好的蔬菜或當季的食材。特別像是茄子、香菇、獅子唐青椒（註１０）等方便調理的食材都很推薦。含有較多水分的干貝、烏賊等食材，為了避免油炸時油花噴濺，請仔細將食材拭乾，先沾裹上在來米粉→再裹麵糊，最後再放入油鍋。魚貝類食材油炸太久，口感容易變硬，短時間的油炸為佳。

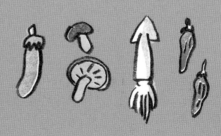

註１０：日本常見的一種青椒。外觀與口感類似糯米椒。

入味鮮美的
慢火燉煮料理

如果想要烹調出吃起來軟嫩，入味的料理時，最適合選用要蓋上鍋蓋、確實加熱的燉煮料理。雖然燉煮需要花費一些時間，只要設定好計時器計時，就可以在燉煮的過程中進行其他活動，妥善地利用時間。

staub recipe ## 68 鰤魚滷蘿蔔

只要放入食材加熱，就可以完成的簡易料理。烹調時間雖然不長，但只要善用鑄鐵鍋的餘熱燜煮，厚實的白蘿蔔也能確實入味。建議使用水滴形鍋具，即使一次放入大量的食材，也能均等地讓湯汁浸潤所有食材，完成時亦可直接連鍋上桌，相當方便。

[材料：4人份]
鰤魚魚骨肉 (頭骨或是魚下巴)...５００g
白蘿蔔............................１／２條
老薑...................................２節
醬油...................................３大匙
味醂...................................３大匙
料理酒................................２大匙

[材料：2人份]
鰤魚魚骨肉 (頭骨或是魚下巴)２５０g
白蘿蔔............................１／４條
老薑...................................１節
醬油..........................１又１／２大匙
味醂..........................１又１／２大匙
料理酒................................１大匙

1 將鰤魚放入濾網內，以熱水汆燙，再以流水沖洗掉血水和魚鱗。將白蘿蔔分切成４等份的圓片狀，薑則切成薄片。

2 鍋內放入醬油、味醂、料理酒、白蘿蔔，轉中火加熱。

3 沸騰之後，放入鰤魚、薑片，蓋上鍋蓋。從鍋蓋的隙縫散發出水蒸氣後，轉成微火繼續加熱約２０分鐘。

4 將白蘿蔔翻面，讓鰤魚浸到湯汁內。不需要再上蓋，讓湯汁煮到沸騰，接著熄火並蓋上鍋蓋，靜置使其降至常溫（使用餘熱燜煮）。

換個蔬菜的
應用料理

staub recipe **69 鰤魚滷牛蒡**

將白蘿蔔更換成牛蒡的應用料理。同樣的烹調方式，一樣能讓風味滲入牛蒡。上述的食譜「鰤魚滷蘿蔔」，若是將魚骨肉換成魚肉塊烹煮的話，作法請參考以下的步驟。

[材料：2人份]
鰤魚切塊............２塊
牛蒡...................１根
老薑...................２節
醬油..１又１／２大匙

staub
20cm

味醂..１又１／２大匙
料理酒.............１大匙

1　將牛蒡切成３cm的長度，再縱向對半切。薑則切成薄片。

2　鍋內放入醬油、味醂、料理酒、牛蒡，轉中火加熱。沸騰之後，放入鰤魚、薑片，稍稍翻拌後蓋上鍋蓋。從鍋蓋的隙縫散發出水蒸氣後，轉成微火繼續加熱約１０分鐘。

staub recipe 70 梅肉煮沙丁魚

沙丁魚連同梅肉與細火慢煮的湯汁一起享用，不管幾碗飯都能吃完。慢慢地燉煮，連骨頭都能煮到酥軟，整條魚都能吃。長時間的燉煮時，可以搭配烤箱加熱，加速料理的時間。

staub 20cm

[材料：4人份]

沙丁魚	4尾(約３００g)
梅干	4顆
薑	1節

A

料理酒	2大匙
味醂	2大匙
醬油	1大匙
醋	2小匙

1　將沙丁魚的頭部切除，再切除魚鰭和魚尾，腹部劃開取出內臟，並以清水洗淨血水(如圖A)。使用廚房紙巾拭乾水份，分切成３等份。薑切絲備用。

2　鍋內放入A，轉中火加熱。沸騰後，將沙丁魚、梅干、薑絲入鍋，蓋上鍋蓋(如圖B)。

3　從鍋蓋的隙縫散發出水蒸氣後，轉成微火繼續加熱１個小時。熄火，不要取下鍋蓋，靜置使其降至常溫(使用餘熱燜煮)。

4　打開鍋蓋，再次轉中火加熱，沸騰後轉成微火，持續加熱煮到呈現收汁濃稠狀(如圖C)。

烤箱加熱活用術

長時間的燉煮料理，建議使用烤箱加熱。利用烤箱的熱度以及鑄鐵鍋本身的蓄熱性，雙重的加溫，不僅是肉類，連魚骨都能夠被烹煮到更酥軟。放入烤箱內的烹調時間以加熱時間的２／３為基準。

☞以「 梅肉煮沙丁魚 」為例…步驟３持續加熱直到開始散發水蒸氣時，將鍋子放入預熱１４０°C的烤箱內，加熱約４０分鐘。加熱結束後，靜置於烤箱內使其降至常溫(使用餘熱燜煮)。

反覆使用餘熱烹調的活用術

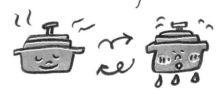

放置(使用餘熱燜煮)後，再度開火加熱→放置(使用餘熱燜煮)，藉由重複這個過程，可以使食材變得更加軟嫩。若使用瓦斯爐加熱的話，這個方法更能節省瓦斯的使用量，達到節約的效果。

staub recipe 71 中式海鮮熱炒

在鍋內放入不同口感的食材，加熱即可完成的簡易料理。只要加入自己喜歡的食材或勾芡，藉由不同的食材搭配，讓吃法更加多元的一道菜色。

[材料：4人份]

蝦仁	100g
水煮干貝	4顆（約120g）
紅蘿蔔	1／2條
生鮮香菇	4朵
水煮竹筍	100g
青江菜	1株
乾燥木耳	5g
鹽	1小匙
麻油	1大匙

1 將干貝切半。紅蘿蔔則切成5cm長度的絲狀，香菇切成薄片，竹筍切成 5cm長的薄片，青江菜切成約3cm長度。木耳放入溫水內泡發約5分鐘（如圖A）。

2 鍋內依序放入麻油、紅蘿蔔、蝦子、干貝、木耳、香菇、青江菜、竹筍（如圖B）。撒鹽於鍋內，蓋上鍋蓋轉中火加熱。

3 從鍋蓋的隙縫散發出水蒸氣後，稍微翻拌即可。

☞ P.85會介紹利用這道料理，延伸變化製成的各式料理。

中式海鮮熱炒
的應用料理

staub recipe 72 奶醬海鮮

以奶醬製作的淋醬，淋在飯或麵上的一道料理。因為添加了牛奶，吃起來特別濃稠。一半的份量吃起來就十分有飽足感。

[材料：2人份]

中式海鮮熱炒(請參照上方食譜)	一半的份量
牛奶	200ml
蠔油	1大匙

芡汁
太白粉	1大匙
水	2大匙

將海鮮熱炒放入小鍋內，加入牛奶和蠔油，轉中火加熱。沸騰後熄火，加入芡汁攪拌勾芡。依照個人喜好，淋在白飯（ 份量外·適量 ）上一起享用。

staub
recipe

73 一整尾的燉煮透抽

濃稠的內臟與肉身軟嫩的透抽，味道入味，下酒配飯皆適宜。透抽下刀時，請從靠近眼睛上方處切除，就不會破壞內臟部位。這道料理，亦可使用２０ｃｍ圓鍋烹調。

[材料：2人份]

透抽(小)	2尾
薑	1節
醬油	2大匙
味醂	2大匙

1　去除吸盤後清洗乾淨。從眼睛下方下刀，將眼部與足部分離，去除掉口器。接著從眼睛上方下刀，分離眼部與身軀的部分。取出軟骨時，請小心不要破壞身軀內的內臟（如圖A）。薑切成薄片。

2　鍋內放入薑片、味醂、醬油，轉中火加熱。沸騰後將透抽入鍋（如圖B），蓋上鍋蓋。

3　從鍋蓋的隙縫散發出水蒸氣後，轉成微火繼續加熱約２０分鐘。

staub recipe

74 懶人版海鮮咖哩

即使是短時間的烹調，仍然吃得到滿滿海鮮的鮮美。轉眼間就能上菜，忙碌的時候可以仰賴的一道方便料理。可以再添加鮮奶油（100ml）入菜，口感會更加柔順。

[材料：4人份]

烏賊(大)	1尾
蝦仁	100g
海瓜子(帶殼、吐砂過)	200g
番茄	1顆
洋蔥	1顆
鴻禧菇	1袋(約160g)
咖哩粉	2大匙
鹽	1小匙
橄欖油	1大匙
薑黃飯	飯碗4碗份

1　烏賊事先處理，足部切成3cm的長度，身軀切成1cm的寬度。海瓜子亦事先處理過。番茄與洋蔥皆切成1cm的塊狀。鴻禧菇則去除根部後撥開(如圖A)。

2　鍋內倒入橄欖油，轉中火加熱，拌炒洋蔥。炒到變透明狀後，加入蝦子、海瓜子、番茄、鴻禧菇、咖哩粉、鹽，稍微拌炒後蓋上鍋蓋(如圖B)。

3　從鍋蓋的隙縫散發出水蒸氣後，轉成微火繼續加熱約5分鐘。放入烏賊，不需要再上蓋，繼續煮到沸騰。在碗裡盛入薑黃飯，淋上咖哩醬。

◎薑黃飯的作法

將米（300g）、薑黃粉（2小匙）、鹽（1小匙）放入鍋內，參照「白飯的煮法」（P.112）的方式炊煮。

慢火燉煮料理

75 奶油鮮蝦咖哩

稍嫌費工的料理程序，但吃起來有飽足感，只需要準備簡單的食材即可完成的料理。從蝦殼釋放出濃厚的湯汁與香料可說是絕佳搭配。

staub
20cm

[材料：4人份]

帶頭帶殼蝦	8尾
洋蔥	1顆
蒜頭	1瓣
A	
薑黃粉	2小匙
孜然粉	2小匙
辣椒粉	2小匙
鮮奶油	200ml
奶油	20g
料理酒	2大匙
鹽	1／2小匙
橄欖油①	1大匙
橄欖油②	1大匙
白飯	飯碗4碗份

有另外加鮮奶油

CREAM

1　從蝦背去除腸泥，清洗過後使用廚房紙巾拭乾水份，將蝦身、頭、殼（腳與尾巴）分成三份。洋蔥和蒜頭沿著纖維垂直的方向切成薄片（如圖A）。

2　鍋內倒入橄欖油①，轉中火加熱，放入蝦殼與蝦頭。持續拌炒直到飄散香味，淋上料理酒並蓋上鍋蓋。從鍋蓋的隙縫散發出水蒸氣後，轉成微火繼續加熱約10分鐘。將蝦殼與蝦頭取出，放在濾網上，一邊過濾，一邊使用木匙擠壓（如圖B），濾出蝦子的湯汁。

3　在步驟2的鍋內放入橄欖油②、蒜頭、洋蔥，轉中火加熱，拌炒洋蔥直到變透明狀。放入A並稍稍拌炒，炒到冒出香味後，加入步驟2的湯汁以及蝦身、鮮奶油、奶油、鹽，稍稍攪拌，不要蓋上鍋蓋持續加熱約5分鐘。盛飯，淋上咖哩醬，依照喜好撒上切成末的香芹（份量外·適量）。

A

B

76
椰奶泰式酸辣蝦湯

77

馬賽魚湯風味番茄湯

有另外加椰奶了喔

76 椰奶泰式酸辣蝦湯

放入椰奶，造就出非常滑順溫醇的口感。亦可使用牛奶或豆漿替代。
如果加入檸檬葉的話，口味會更清爽怡然。

staub 20cm

[材料：4人份]

帶頭帶殼蝦	4尾
芹菜	1株
水煮竹筍	150g
番茄	2顆
蒜頭	1瓣
檸檬葉(卡菲爾萊姆)	4片
椰奶	1罐(400ml)
紅辣椒	1條
魚露	2大匙
橄欖油	1大匙

1　從蝦背去除腸泥和蝦後腳，清洗過後使用廚房紙巾拭乾水份。將芹菜斜切成薄片，竹筍切成1cm厚度方便吃的大小，番茄則切成2cm的塊狀，蒜頭切成薄片(如圖A)。

2　鍋內放入橄欖油、蒜頭、去籽後切半的辣椒，轉小火爆香，開始炒出香味後，調成中火，再放入蝦子、芹菜、竹筍、番茄、檸檬葉和魚露(如圖B)，蓋上鍋蓋。

3　從鍋蓋的隙縫散發出水蒸氣後，轉成微火繼續加熱約10分鐘。接著倒入椰奶，煮到沸騰。

A

B

staub recipe 77 馬賽魚湯風味番茄湯

濃郁的蔬菜湯頭搭配番紅花，就形成馬賽魚湯風味的湯品，可以從湯裡品嚐到蔬菜的鮮甜。從蔬菜釋放出大量的水份回潤於鍋內，簡易就可上手的一道料理。

staub
24cm

[材料：4人份]

白肉魚切塊............4塊（約４００g）	

※黃雞魚、鯛魚等魚類皆可。建議使用帶骨魚種烹調。

帶頭帶殼蝦............................4尾	
海瓜子（ 帶殼、吐砂過 ）.........２００g	
番茄.....................................2顆	
洋蔥.....................................2顆	
芹菜.....................................1株	
蒜頭.....................................1瓣	
番紅花.................1小撮（ 0.2g）	
鹽①...............................１／２小匙	
鹽②.....................................1小匙	
橄欖油.................................2大匙	

1　撒鹽①於魚上。去除蝦背上的腸泥與蝦腳，清洗過後使用廚房紙巾拭乾水份。海瓜子泥沙吐盡，洗淨備用。番茄切成１cm的塊狀，洋蔥、芹菜、蒜頭切成薄片（ 如圖Ａ ）。

2　鍋內倒入橄欖油，轉中火加熱，再放入蝦子、魚，煎至上色（ 如圖Ｂ ）。依序放入蒜頭、洋蔥、芹菜、番茄、海瓜子、番紅花、鹽②，蓋上鍋蓋。

3　從鍋蓋的隙縫散發出水蒸氣後，調成微火繼續加熱約２０分鐘。

A

B

78 辣燉章魚馬鈴薯

細火慢燉過後的章魚，柔嫩的肉質不需要費勁咀嚼。長時間燉煮
容易軟爛變形的馬鈴薯，藉由staub鑄鐵鍋烹調的話，可以維持
食材的原狀，味道同樣入味。

staub
20cm

[材料：4人份]

水煮章魚腳	300g
馬鈴薯	2顆
洋蔥	1／2顆
蒜頭	1瓣
紅辣椒	2根
橄欖	8顆
番茄泥	200g
橄欖油	1大匙
鹽	1小匙

1　將章魚切成3cm的長度。馬鈴薯分切成4
等份，洋蔥則切成丁，蒜頭切成薄片。紅辣
椒切半後去籽。

2　鍋內放入橄欖油、蒜頭、紅辣椒，轉小火爆
香，開始飄散香味後，放入馬鈴薯、洋蔥、
橄欖、番茄泥、鹽攪拌（如圖A），轉成中火
繼續加熱，蓋上鍋蓋。

3　從鍋蓋的隙縫散發出水蒸氣後，再次調整成
微火，加熱約45分鐘。熄火，靜置使其降
至常溫（使用餘熱燜煮）。

A

粒粒味美鮮甜的
絕品炊飯

用staub鑄鐵鍋烹煮出來的米飯，可說是絕品！放入海鮮食材一起烹煮的話，米飯會吸收食材所釋放出來的湯汁與鮮味，形成粒粒潤澤飽滿的炊飯。請試著搭配不同的蔬菜和調味料，調配出專屬於自己喜好的味道。

P.110~121的
食譜自己加水喔～

[材料：4人份]

透抽(小)..................... 1尾
透抽內臟..................... 30g
白米.......................... 300g
水※.......................... 300ml
醬油.......................... 1大匙

料理酒..................... 1大匙
鹽......................... 1又1／2小匙

1 在調理碗內放入白米和水（份量外）清洗，儘速將水倒掉。再倒入約可覆蓋白米的水量（份量外），浸泡約20分鐘，再移放到濾網上瀝乾，靜置約5分鐘。

2 將透抽事先處理過，足部切成約3cm長度，身軀切成1cm寬度。水量請依照內臟的重量估算準備。

3 鍋內放入步驟1、份量表中的水量、醬油、料理酒、鹽。將內臟擠壓入鍋內，轉中火加熱。

4 開始冒出小氣泡，鍋內開始沸騰。

5 整鍋開始飄散熱氣，黏稠如彈珠大小般的氣泡冒出時，請用飯勺稍微攪拌。

6 沸騰後將透抽放入鍋內，蓋上鍋蓋，轉成微火繼續加熱約15分鐘，熄火，不要取下鍋蓋，利用餘熱燜煮約10分鐘。最後使用飯勺從鍋底往上，將整體攪拌均勻。

staub
recipe **80**

白飯的煮法

[材料：4人份]

白米...300g 水...360ml

在調理碗內放入白米和水（份量外）清洗，儘速將水倒掉。再倒入約可覆蓋白米的水量（份量外），浸泡約20分鐘，再移放至濾網上瀝乾，靜置約5分鐘。鍋內放入白米和份量表中的水量，不要上蓋，轉中火加熱。一開始會冒出小氣泡，接著整鍋會開始飄散熱氣，黏稠如彈珠大小般的氣泡冒出時，請用飯勺稍微攪拌。沸騰後蓋上鍋蓋，轉成微火繼續加熱約15分鐘。熄火，不要取下鍋蓋，利用餘熱燜煮約10分鐘。最後使用飯勺從鍋底往上，將整體攪拌均勻。

與透抽內臟飯
相同作法的
應用料理

奶香海瓜子菇菇炊飯

僅僅更換食材，與透抽內臟飯幾乎是相同的作法，這次介紹的是西式風味的炊飯。一開鍋，馥郁的奶油香氣刺激味蕾，讓人食指大動。

[材料：4人份]
奶香海瓜子菇菇炊飯的食材(請參照P.19)......一半的份量
奶香海瓜子菇菇炊飯的湯汁(請參照P.19)..........一半的份量(約110ml)
白米..300g
青蔥..2根

1　在調理碗內放入白米與水(份量外)清洗,儘速將水倒掉。再倒入約可覆蓋白米的水量(份量外)，浸泡約20分鐘，再移放至濾網上瀝乾，靜置約5分鐘。

2　將奶香海瓜子菇菇炊飯的湯汁放入量杯內，加水(份量外)至360ml。海瓜子去殼。切蔥花。

3　鍋內放入步驟1與步驟2的湯汁，轉中火加熱。開始冒出小氣泡，鍋內開始沸騰。黏稠如彈珠大小般的氣泡冒出時，請用飯勺稍微攪拌。

4　整鍋開始沸騰後，蓋上鍋蓋，轉成微火繼續加熱15分鐘。熄火，不要取下鍋蓋，利用餘熱燜煮約10分鐘。最後加入奶香海瓜子菇菇炊飯的食材，使用飯勺從鍋底往上，將整體攪拌均勻。盛盤，撒上蔥花即可。

秋刀魚飯

通常都是用烤魚方式烹調的秋刀魚，其實用炊飯的方式烹調也很好吃。肥美、香味突出的秋刀魚，連同米飯一起燜煮出美麗的色澤。

[材料：4人份]
烤秋刀魚(請參照P.49)................................2尾
白米..300g
水..330ml
薑(切細絲)..1節份
酸桔(註10)(切薄片)..................................4片
醬油..1大匙
料理酒..1大匙
鹽..1小匙

1　在調理碗內放入白米與水(份量外)清洗,儘速將水倒掉。再倒入約可覆蓋白米的水量(份量外)，浸泡約20分鐘，再移放至濾網上瀝乾，靜置約5分鐘。

2　鍋內放入步驟1、份量表中的水量、醬油、酒、鹽，轉中火加熱。開始冒出小氣泡，鍋內開始沸騰。黏稠如彈珠大小般的氣泡冒出時，請用飯勺稍微攪拌。

3　整鍋開始沸騰後，放入薑絲，蓋上鍋蓋，轉成微火繼續加熱約15分鐘。熄火，不要取下鍋蓋，利用餘熱燜煮約10分鐘。

4　取出秋刀魚的魚骨並將魚肉撥碎，使用飯勺從鍋底往上，將整體攪拌均勻。盛盤，以酸桔綴飾。

註10：日本特有的柑橘類。台灣多用檸檬代替。

staub
recipe

83 干貝糯米炊飯

米飯吸附滿滿的干貝與蝦子所釋放出的湯汁，色彩鮮豔又
份量感十足的一道料理。糯米的飽滿黏糯與毛豆的口感，
在口中形成多重的層次。

[材料：4人份]

水煮干貝............................100g
蝦米(蝦乾亦可).........................5g
冷凍毛豆(解凍過剝殼).............25g
糯米...................................150g
白米...................................150g
水.....................................280ml
醬油....................................1大匙
料理酒..................................1大匙
鹽......................................1小匙

1　在調理碗內放入糯米、白米與水(份量外)清洗，儘速
　　將水倒掉。再倒入約可覆蓋白米的水量(份量外)，浸
　　泡約20分鐘，再移放至濾網上瀝乾，靜置約10分
　　鐘。

2　鍋內放入糯米、白米、份量表中的水量、醬油、料理
　　酒、鹽，轉中火加熱。開始冒出小氣泡，鍋內開始沸
　　騰。黏稠如彈珠大小般的氣泡冒出時，請用飯勺稍微
　　攪拌。

3　整鍋開始沸騰後，加入干貝與蝦米(如圖A)，蓋上鍋
　　蓋。轉至微火繼續加熱約20分鐘。熄火，不要取下
　　鍋蓋，利用餘熱燜煮約20分鐘。

4　放入毛豆，使用飯勺從鍋底往上，將整體攪拌均勻。

A

recipe

84 章魚抓飯

恰到好處的鹹度，食材中的芹菜與最後淋上的
橄欖油讓整體風味更顯清爽。簡單的調味，搭
配魚料理一起享用也很適合。

[材料：4人份]

水煮章魚.............................150g
芹菜.....................................1／2株
白米.....................................300g
水...360ml
橄欖油.................................1大匙
特級冷壓橄欖油.....................2大匙
鹽...1小匙

1　在調理碗內放入白米與水(份量外)清洗，儘速將水倒
　　掉。再倒入約可覆蓋白米的水量(份量外)，浸泡約
　　20分鐘，再移放至濾網上瀝乾，靜置約5分鐘。章
　　魚則切成1cm的塊狀。芹菜切丁。

2　鍋內倒入橄欖油，轉中火加熱，放入芹菜拌炒。炒到
　　變成透明狀後，再放入白米，持續翻炒白米直到米呈
　　現半透明狀(可觸摸看看是否變熱)(如圖A)，再放入
　　份量表中的水量、鹽。

3　開始冒出小氣泡，鍋內開始沸騰。黏稠如彈珠大小般
　　的氣泡冒出時，請用飯勺稍微攪拌。整鍋開始沸騰後，
　　放入章魚並蓋上鍋蓋。

4　調整成微火並繼續加熱約15分鐘。熄火，不要取下
　　鍋蓋，利用餘熱燜煮約10分鐘。淋入特級冷壓橄欖
　　油攪拌均勻，可以依照個人喜好撒上黑胡椒(份量外·
　　適量)。

A

85 鮭魚番茄燉飯

鮭魚與番茄的紅色滲入米飯內，形成鮮豔的色澤。富含水份的鮭魚與番茄，能夠增加飽足感，清爽的口感卻不會讓人感覺負擔。最後撒上大量的帕瑪森起士以及黑胡椒提升口感風味，作為整體的收尾。

[材料：4人份]

生鮮鮭魚切塊....................	2塊
海瓜子(帶殼、吐砂過).........	300g
番茄..................................	1顆
洋蔥................................	1 / 2顆
白米................................	300g
熱水................................	500ml
帕瑪森起士.......................	30g
黑胡椒.............................	少許
橄欖油.............................	1大匙
鹽①..............................	1 / 2小匙
鹽②..............................	1小匙

1　將番茄切成1cm的塊狀，洋蔥切丁。海瓜子事先處理過。鮭魚分切成2等份，撒鹽①於魚肉上(如圖A)。

2　鍋內倒入橄欖油，轉中火加熱，加入洋蔥爆香。洋蔥炒到變成透明狀後，放入白米(米不需清洗)，翻炒白米直到變熱。

3　放入熱水、鹽②稍稍拌炒，鍋內的食材沸騰後再加入鮭魚、海瓜子、番茄(如圖B)，再度沸騰後蓋上鍋蓋。調整至微火，繼續加熱約15分鐘。

4　放入帕瑪森起士，稍稍攪拌後盛盤。撒上黑胡椒，依照個人喜好淋上特級冷壓橄欖油(份量外‧適量)。

86 西班牙海鮮飯

吸收了從海鮮、肉、蔬菜釋放出的鮮美，將米飯烹調成稍微帶有咬勁的口感。口徑寬廣的水滴形鍋，水份容易揮發，最適合烹調出帶有咬勁的米飯。紅、綠、黃等鮮豔的顏色交織，讓餐桌上增添了華麗的樣貌。請依照個人喜好，擠上檸檬汁調味也很好吃。

[材料：4人份]

帶殼帶頭蝦	4尾
海瓜子(帶殼、吐砂過)	200g
雞腿肉	1塊
洋蔥	1顆
黃椒	1/2顆
四季豆	4根
番紅花	1小撮(約0.2g)
白米	300g
水	330ml
橄欖油	3大匙
鹽①	1/2小匙
鹽②	1小匙

1 蝦子不要去殼，去掉後方蝦腳和背後腸泥，清洗過後使用廚房紙巾拭乾。海瓜子事先處理。雞肉分切成8等份，撒鹽①於肉上。洋蔥切末，黃椒則切小塊的滾刀塊，四季豆切成約5cm的長度(如圖A)。

2 在小鍋內放入番紅花、份量表中的水量、鹽②，煮至沸騰。

3 大鍋內放入1大匙的橄欖油，轉中火加熱，將蝦子放入鍋中，煎至兩面上色後再取出。

4 在同一鍋內，放入洋蔥以中火爆香。放入2大匙橄欖油和白米(米不需清洗)，翻炒白米直到變熱。再次使其沸騰後加入步驟2(如圖B)、雞肉、蝦子、黃椒、四季豆、海瓜子，蓋上鍋蓋。

5 調整成小火繼續加熱約20分鐘。加熱中途，若是從鍋蓋散發出水蒸氣，轉成微火即可。

staub鑄鐵鍋的使用方法

開始使用前

初次使用時，需要進行養鍋程序（seasoning）。使用熱水清洗鍋內後晾乾，再用廚房紙巾沾裹上食用油，於鍋具內側塗抹均勻。接下來，保持讓油不要燒焦的程度，轉小火加熱，讓鍋具內側養成一層油膜。靜置冷卻，擦拭掉多餘殘留的油份。養鍋的程序可以延長鍋具使用的壽命。

為了更上手地使用staub鑄鐵鍋

· 由於鍋具有琺瑯塗層的加工，使用金屬器具烹調或是盛盤的話，有刮傷琺瑯塗層的可能性。請盡量使用木製或矽膠製的調理器具。

· staub鑄鐵鍋的密封性高，因此可以阻止水氣外洩，以無水的方式烹調。如果在烹煮過程中，頻繁地打開鍋蓋、使用大火加熱的話，容易使鍋內產生燒焦的情況。

· 烹調完成後請仔細清洗，並用乾布擦拭水滴。沒有確實擦拭掉水滴直接收納的話，鍋具容易生鏽。

· 鍋蓋內側的汲水釘，是讓含有食物鮮甜的水蒸氣回流至食材的重要關鍵。打開鍋蓋時，請不要讓水蒸氣外洩，使其順利地滴入鍋內。

使用上的注意要點

· 使用後，請仔細清洗並擦拭水氣晾乾。
· 使用IH爐加熱時，為了避免急遽的溫度變化，請從小火開始，使用小火到中火之間的火力加熱。
· 部分尺寸的staub鑄鐵鍋，有可能不適用IH爐。

感到困擾時的Q&A

Q 鍋具燒焦時怎麼辦？
A 在鍋內倒水，再倒入適量的小蘇打粉使其沸騰數分鐘，熄火並靜置至冷卻。接著再將水倒出，使用中性洗劑清洗鍋內。沒有辦法一次去除的話，請依照上述要領重複清潔。請注意不要使用金屬材質的菜瓜布、含有研磨材質的清潔劑、漂白劑等器具或洗劑，容易損傷鍋具內側的琺瑯塗層。

Q 鍋緣生鏽的話怎麼辦？
A 由於鍋緣並沒有經過防鏽處理，沒有擦拭掉水滴的話，容易生鏽。如果生鏽的話，請用市售的除鏽劑去除，再以中性洗劑清洗。擦拭掉水滴後，再塗抹上防鏽用的食用油。

Q 鍋緣有類似刮傷的痕跡？
A staub鑄鐵鍋在製造時，會藉由4根架子的支撐進行加工處理。這個痕跡即是與架子接觸的部分所殘留下的證明。雖然都有經過再次處理，萬一有痕跡殘留也請放心使用。

這本書所使用的
staub鑄鐵鍋尺寸

圓形琺瑯鑄鐵鍋 14cm

本書「炸物」食譜所使用的鍋具。小鍋的特性是熱傳導快，可以縮短烹調的時間。要烹調一人份的料理時，也很適合。烹調好可以直接連鍋上桌，減少碗盤的清洗也是便利點之一。

圓形琺瑯鑄鐵鍋 20cm

這本書的食譜，主要是使用20cm的鑄鐵鍋所烹調。無論是主菜、副菜都方便使用的尺寸。要購買人生第一個鑄鐵鍋時，適合下手的尺寸。

水滴形琺瑯鑄鐵鍋 24cm

炒物、快炒、烤魚、海鮮燉飯等料理時常使用的鍋具，與20cm的圓鍋皆頻繁地出現在這本書中。比起圓鍋，鍋身更淺且廣，可以一次擺放4片魚肉塊，最適合烹調魚肉料理的尺寸。

橢圓形琺瑯鑄鐵鍋 23cm

蒸煮黃雞魚豆苗、鹽釜燒、一整隻秋刀魚料理、一整隻的燉煮透抽等料理，所使用的鍋具。寬長的大小，一整隻魚也可放入的適宜尺寸。烹調派對料理時的方便鍋具。

滿足館 Appetite 061
staub鑄鐵鍋料理全書 澎湃海鮮料理不失敗

作　　　者	大橋 由香	
譯　　　者	Allen Hsu	
責 任 編 輯	J.J.CHIEN	
封 面 設 計	J.J.CHIEN	
內 文 排 版	J.J.CHIEN	

總　編　輯　林麗文
副 總 編 輯　梁淑玲、黃佳燕
主　　　編　賴秉薇、蕭歆儀、高佩琳
行 銷 總 監　祝子慧
行 銷 企 劃　林彥伶、朱妍靜

出　　　版　遠足文化事業股份有限公司（幸福文化出版社）
地　　　址　231新北市新店區民權路108-1號8樓
粉 絲 團　https://www.facebook.com/happinessbookrep/
電　　　話　(02)2218-1417
傳　　　真　(02)2218-8057
發　　　行　遠足文化事業股份有限公司（讀書共和國出版集團）
地　　　址　231新北市新店區民權路108-2號9樓
電　　　話　(02)2218-1417
傳　　　真　(02)2218-1142
電　　　郵　service@bookrep.com.tw
郵 撥 帳 號　19504465
客 服 電 話　0800-221-029
網　　　址　www.bookrep.com.tw
法 律 顧 問　華洋法律事務所 蘇文生律師
印　　　刷　凱林印刷有限公司
初 版 一 刷　西元2020年11月
定　　　價　380元

日文版製作群

料理協力　片山愛沙子、佐藤あづさ、ふかのほのか、
　　　　　三輪愛、山田陽菜
攝　　影　鈴木信吾（SKYLIFE studio）
食物造型　つがねゆきこ
藝術指導　藤田康平（Barber）
裝幀設計　藤田康平、白井裕美子（Barber）
插　　畫　林舞（ぱんとたまねぎ）
編　　輯　古池日香留

道具協力　STAUB
　　　　　ツヴィリング J.A. ヘンケルス ジャパン
　　　　　0120-75-7155
　　　　　www.staub.jp
器皿協力　陶藝家 大渕由香利
　　　　　陶藝家 小泉すなお
攝影協力　久保田家具工房（north6antiques）

國家圖書館出版品預行編目(CIP)資料

Staub鑄鐵鍋料理全書：澎派海鮮料理不失敗 / 大橋由香
作；Allen Hsu譯. -- 初版. -- 新北市：幸福文化出版社出
版：遠足文化事業股份有限公司發行, 2020.12
　面；　公分. -- (滿足館Appetite；61)

ISBN 978-986-5536-31-2(平裝)
1.海鮮食譜

　　　　　　　　427.25　　109017851

STAUB DE MUSUICHORI GYOKAI:SHOKUZAI NO SUIBUN WO TSUKAU CHORIHO / UMAMI GA GYOSHUKUSHITA SAKANA
NO OKAZU
Copyright © Yuka Ohashi 2020
All rights reserved.
Originally published in Japan in 2020 by Seibundo Shinkosha Publishing Co., Ltd., Traditional Chinese translation rights
arranged with Seibundo Shinkosha Publishing Co., Ltd., through Keio Cultural Enterprise Co., Ltd.

加入臉書社團

我愛 Staub 鑄鐵鍋

展現廚藝 共賞美鍋

f 我愛Staub鑄鐵鍋

加入臉書「我愛STAUB鑄鐵鍋」社團，
跟愛好者一起交流互動，欣賞彼此的料理與美鍋，
並可參加社團舉辦料理晒圖抽獎活動。

讀　者　回　函　卡

感謝您購買本公司出版的書籍，您的建議就是幸福文化前進的原動力。
請撥冗填寫此卡，我們將不定期提供您最新的出版訊息與優惠活動。
您的支持與鼓勵，將使我們更加努力製作出更好的作品。

讀者資料

● 姓名：　　　　　　 ● 性別：□男　□女 ● 出生年月日：西元　　年　　月　　日

● E-mail:

● 地址：□□□□□

● 電話：　　　　　　　　 手機：　　　　　　　　　　 傳真：

● 職業：□學生 □生產、製造 □金融、商業 □傳播、廣告 □軍人、公務 □教育、文化

　　　　 □旅遊、運輸 □醫療、保健 □仲介、服務 □自由、家管 □其他

購書資料

1. 您如何購買本書? □一般書店(　　縣市　　　　書店) □網路書店(　　書店)

　　　　　　　　 □量販店　□郵購　□其他

2. 您從何處知道本書? □一般書店 □網路書店(　　書店) □量販店　□報紙

　　　　　　　　 □廣播　□電視　□朋友推薦　□其他

3. 您購買本書的原因? □喜歡作者　□對內容感興趣　□工作需要　□其他

4. 您對本書的評價：(請填代號 1. 非常滿意　2. 滿意　3. 尚可　4. 待改進)

　　 □定價　□內容　□版面編排　□印刷　□整體評價

5. 您的閱讀習慣：□生活風格　□休閒旅遊　□健康醫療　□美容造型　□兩性

　　　　　　　 □文史哲　□藝術　□百科　□圖鑑　□其他

6. 您是否願意加入幸福文化 Facebook: □是 □否

7. 您最喜歡作者在本書中的哪一個單元：

8. 您對本書或本公司的建議：

寄回函抽好禮

請詳填本書回函卡並寄回，

就有機會抽中法國品牌staub人氣商品！

活動期間即日起至2021年3月5日止（以郵戳為憑）得獎公布

2021年3月26日公布於「幸福文化臉書粉絲專頁」

1.本活動由幸福文化主辦，幸福文化保有修改與變更活動之權利。

2.本獎品寄送僅限台、澎、金、馬地區。

OHAP0061

staub

鑄鐵鍋料理全書

澎派海鮮料理不失敗

staub琺瑯鑄鐵鍋
燉炒多用魚鍋28cm
深紅色
市價13300　**3** 個名額

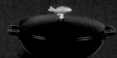

staub琺瑯鑄鐵鍋
燉炒多用魚鍋28cm
藍色
市價13300　**3** 個名額

staub迴力釘點燉煮松
露白雪花鍋24cm
市價10550　**2** 個名額

staub鑄鐵鍋/
飯鍋/20cm/
櫻桃紅
市價8200　**2** 個名額

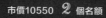